KB266644

엄마,
이야기를
들려주세요

엄마, 이야기를 들려주세요

서지원 글 · 김찬 그림

시공사

★ 아기에게 사랑의 마음을 전하는
행복한 태교 동화

아기에게 전하고 싶은 메시지와 주제가 담긴 아름다운 동화 스무 편이
수록되어 있습니다.
매일 밤 잠자리에 들기 전 한 편씩 아기에게 말을 걸듯 읽어 보세요.
엄마의 사랑이 아기에게 고스란히 전해집니다.

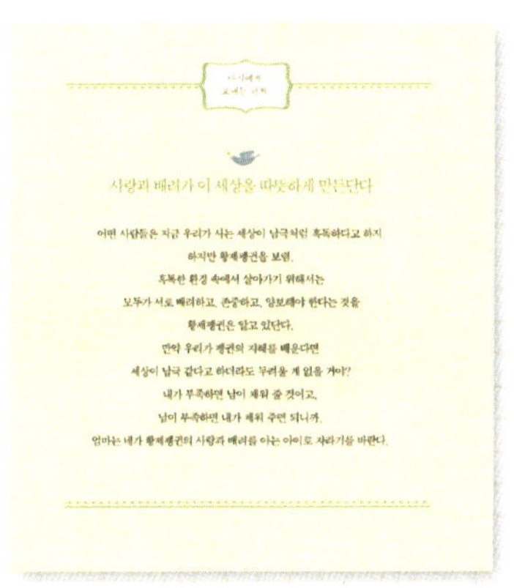

★ 아기에게 보내는 편지

동화를 통해 아기에게 전하고 싶은
이야기를 담았습니다.
엄마가 직접 아기에게 보내는
편지로 바꾸어 써 보아도 좋습니다.

★ 태교 동화 컬러링

스트레스는 태교의 가장 큰 적입니다.
각 동화의 주제를 담은 아름다운 패턴
이 담긴 컬러링이 스트레스를 해소해
주고 태교를 더욱 즐겁게 해 줍니다.

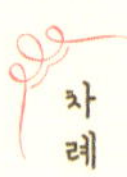

차례

아기 펭귄
피핀이
태어났어요

어떤 사람들은 지금 우리가 사는 세상이 남극처럼 혹독하다고 하지.
하지만 황제펭귄을 보렴.
혹독한 환경 속에서 살아가기 위해서는
모두가 서로 배려하고, 존중하고, 양보해야 한다는 것을
황제펭귄은 알고 있단다.

하얀 얼음벌판 남극.

그곳엔 날지 못하는 새 펭귄이 모여 살아요.

펭귄은 하늘을 훨훨 나는 대신에 크고 두꺼운 발로 차가운 얼음 위를 뒤뚱뒤뚱 걸어 다니고, 도톰한 날개로 물결을 씽씽 가르며 헤엄도 치지요.

그런데 남극의 겨울은 펭귄도 못 견딜 정도로 춥고 길어요.

입김을 호 하고 내뱉으면 바싹 얼어붙을 정도로 추운 데다가 먹이도 쉽게 구할 수가 없어요.

곧 태어날 아기 펭귄 피핀의 엄만 쌔앵~쌔앵 몰아치는 거센 눈보라 때문에 걱정이 이만저만이 아니었어요.

"여보, 배고프지? 조금만 기다려. 내가 맛있는 정어리를 구해 올게."

아빠 곧 알을 깨고 나올 아기 펭귄 피핀 때문에 제대로 먹지도, 편히 쉬지도 못했어요.

알을 잘 품으려면 함부로 움직여서는 안 되거든요.

그러니 아빠 벌써 몇 달째 꼼짝도 하지 못한 채 끙끙 힘들게 서 있었지요.

엄만 그런 아빠를 위해 맛있는 물고기를 갖다 주고 싶었어요.

하지만 날이 추워서 그럴 수가 없었던 거예요.

"곧 아기가 태어날 텐데……."

"여보, 난 괜찮아요."

아빠 펭귄은 엄마 펭귄을 안심시켰어요.

하지만 바로 그 순간 엄청난 폭풍설이 몰아닥쳤어요.

너무 거센 바람 때문에 눈도 제대로 뜰 수 없을 지경이었지요.
아빠 펭귄은 바람을 막아 보려고 뒤뚱뒤뚱, 뒤뚱뒤뚱.
자칫하면 알이 날아갈 정도로 거센 바람이 계속됐어요.
"피핀이 태어나면 몹시 추울 텐데……."
아빠 펭귄은 갈수록 추워지는 날씨가 원망스럽기만 했어요.

그때였어요.
아빠 펭귄의 발 위에서 알이 꿈틀거렸어요.
아빠 부리로 알 끝을 톡톡 쪼아 주었지요.
그러자 알이 갈라지더니 피핀의 작은 부리가 톡 튀어나왔어요.

"아가, 힘을 내렴!"
"엄마랑 아빠가 여기 있어!"
엄마 펭귄과 아빠 펭귄은 있는 힘껏 아기 펭귄 피핀을 응원했어요.
피핀은 작은 부리로 알을 깨기 시작했어요.

토옥, 톡.

토옥, 톡.

그러자 알이 조금씩 조금씩 갈라지더니 피핀의 작은 몸이 바깥으로
나올 수 있을 만큼 되었어요.

순간 매서운 겨울바람이 씨잉~씽 불어닥쳤지 뭐예요.

따뜻한 알 속에 있다가 처음으로 차가운 바람을 맞은 피핀은 추워서
잔뜩 몸을 웅크렸어요.

재채기가 나고 온몸이 오들오들 떨렸지요.

'세상은 이렇게 추운 곳이구나.'

피핀이 그렇게 생각할 때였어요.

"아기가 태어났다면서요?"

"우리가 응원하러 왔어요."

수많은 펭귄들이 엄마랑 아빠, 피핀 주위를 둥글게 빙 둘러쌌어요.

펭귄들은 서로의 몸을 다른 펭귄의 몸에다가 바짝 들이밀고서 꼭 끌어안았어요.

그랬더니 이게 웬일이에요.

바깥은 매서운 폭풍설이 몰아닥치고 있는데도 불구하고, 피핀과 엄마, 아빠가 있는 곳은 봄날 햇살이 비치듯 따뜻했어요.

펭귄들의 체온이 주변 공기를 따뜻하게 만들어서 가운데 자리를 덥혀 준 거예요.

덕분에 아기 펭귄 피핀은 무사히 밖으로 나와 털을 말릴 수 있었어요.

털이 보송보송 마르고 나니 한결 덜 추웠어요.

"안녕, 피핀?"

펭귄들이 피핀을 향해 인사했어요.

피핀도 작은 부리를 벌렸다 오므렸다 하며 인사했지요.

“안녕하세요, 형, 누나, 아줌마, 아저씨, 할아버지, 할머니!”

펭귄들이 서로의 몸을 밀착해 천천히 돌며 추위를 견뎌 내는 걸 ‘허들링’이라고 하지요.

펭귄들은 서로의 체온을 나누며 시속 10킬로미터가 넘는 차가운 폭풍설을 견뎌 내지요.

펭귄들이 만든 원 안쪽은 바깥보다 무려 10도 이상 따뜻하다고 해요.

안쪽에 있던 펭귄은 몸을 어느 정도 데우고 나면 바깥으로 가서 추위에 떨고 있는 펭귄에게 자리를 양보해 줘요.

그런 다음에 안쪽으로 들어간 펭귄은 몸을 녹이고 난 후 또 다른 펭귄에게 자리를 양보하지요.

펭귄들끼린 서로 더 따뜻한 곳에 오래 있겠다고 아옹다옹 다투지 않아요.

"이제 내가 바깥으로 갈게. 몸 좀 녹이렴."
"고마워, 얼른 몸을 데우고 나갈게."

펭귄들은 모두 양보하고 배려하며 서로를 돕지요.
그렇게 펭귄들은 눈보라가 멈추고 따뜻한 봄이 오기를 기다리지요.

"피핀, 봄이 되면 우리랑 같이 수영하자!"
"난 고기 잡는 법을 가르쳐 줄게!"
"난 눈썰매 타는 법을 가르쳐 줄게!"

피핀보다 먼저 태어난 형, 누나 펭귄들이 말했어요.

"응!"
피핀은 활짝 웃으며 큰 소리로 대답했어요.

사랑과 배려가 이 세상을 따뜻하게 만든단다

어떤 사람들은 지금 우리가 사는 세상이 남극처럼 혹독하다고 하지.

하지만 황제펭귄을 보렴.

혹독한 환경 속에서 살아가기 위해서는

모두가 서로 배려하고, 존중하고, 양보해야 한다는 것을

황제펭귄은 알고 있단다.

만약 우리가 펭귄의 지혜를 배운다면

세상이 남극 같다고 하더라도 두려울 게 없을 거야.

내가 부족하면 남이 채워 줄 것이고,

남이 부족하면 내가 채워 주면 되니까.

엄마는 네가 황제펭귄의 사랑과 배려를 아는 아이로 자라기를 바란다.

마법의
꽃

정성이란 말은 온갖 힘을 다하는 참되고 성실한 마음이란 뜻이란다.
꾸준히 참된 마음으로 계속해 노력하는 걸 정성이라고 하지.
그래, 세상에 그냥 이뤄지는 건 없단다.
노력한 만큼, 정성을 쏟은 만큼 대가가 따라오는 게 삶이지.
아가야, 네가 앞으로 원하는 게 생긴다면 반드시 정성을 다해야 해.

옛날 어느 왕궁에 아주 욕심 많은 왕비님이 살았어요.

왕비님의 하루는 화장하고, 치장하고, 예쁜 드레스를 골라 입고, 팔찌에, 귀걸이에, 목걸이에, 번쩍이는 반지를 손가락에 끼고, 진한 향수를 뿌리는 걸로 시작됐지요.

"어때, 어제보다 더 예쁘지?"

"네, 왕비님. 정말 아름다우십니다."

왕비님의 방에는 거울이 아주 많았습니다.

왕비님은 날마다 거울을 들여다보며 자기 모습을 보았어요.

주름이 늘었는지, 여드름이 나진 않았는지, 피부가 까매진 건 아닌지, 혹시 어제보다 못생겨진 건 아닌지!

"난 절대 늙고 싶지 않아. 영원한 아름다움을 갖고 싶어. 이 모습 이대로 평생 살고 싶다고."

왕비님은 날마다 영원한 아름다움을 갖게 해 달라고 빌었어요.

그러던 어느 날이었습니다.

하루는 신이 왕비님을 찾아와 이렇게 말했어요.

"이 씨앗을 드릴 테니 꽃을 피워 보세요. 꽃이 핀다면 당신은 영원한 아름다움을 갖게 될 겁니다."

왕비님은 당장 하녀에게 화분을 가져오라고 명령했어요.

그리고 가장 기름진 흙을 퍼다가, 화분에 넣고 씨앗을 뿌리고 돌보라고 명령했지요.

하녀는 왕비님이 시키는 대로 했어요.

하녀는 씨앗에 물을 주고, 햇빛을 쬐어 주고, 거름을 주며 정성껏 보살폈어요.

“어때, 꽃이 피었느냐?”

“아직 싹도 트지 않았습니다.”

왕비님은 아침마다 하녀를 찾아가 다그치듯 물었어요.

하녀가 아직 꽃을 피우지 못했다고 말하면 왕비님은 발을 동동 구르
며 화를 냈지요.

“에잇, 대체 뭘 하는 거야? 그깟 꽃 한 송이를 피우기가 그렇게 어려
워?”

왕비님은 날마다 하녀를 다그쳤어요.

그때마다 하녀는 더 열심히 물을 주고, 거름을 주고, 햇볕을 쬐어 주
었지요.

하지만 아무리 기다려도 화분에서는 아무런 변화도 일어나지 않았
어요.

그렇게 한 해, 두 해…… 날이 흘러가고 말았지요.

“어때, 오늘은 꽃이 피었느냐? 에잇, 이번에도 소식이 없단 말이냐?”

왕비님은 또 하녀를 다그쳤어요.

하지만 어찌 된 영문인지 화분에선 싹이 트질 않았지요.

왕비님은 하녀에게 화분을 그만 갖다 버리라고 소리쳤어요.

"지금까지 싹이 트지 않은 걸 보면 씨앗이 잘못된 게 틀림없어."

하지만 하녀는 화분을 갖다 버리는 대신 더 정성껏 보살폈어요.

그러던 어느 날의 일이에요.

작은 씨앗 하나가 싹을 틔웠어요.

"어머, 예쁘기도 해라!"

하녀는 그 새싹을 정성껏 가꾸었어요.

햇살 좋은 날엔 음악을 들려주기도 하고, 바람 부는 날엔 화분을 들고 짠짠짠 짠짠짠 왈츠를 추기도 했지요.

하녀는 새싹에게 책을 읽어 주기도 하고, 노래를 불러 주기도 했어요.

그러던 어느 날의 일이에요.

새싹이 잎을 활짝 벌리더니 그 가운데에서 어여쁜 꽃망울을 톡 터트리지 뭐예요.

"와, 꽃이 피었다! 드디어 꽃이 피었어!"

하녀는 기뻐서 소리쳤어요.

그 말을 들은 왕비님도 덩달아 덩실덩실.

"이제 나는 영원한 아름다움을 갖게 될 거야!"

왕비님은 축제를 열어 온 백성들과 함께 기쁨을 나누기로 했어요.

상 위에는 맛있는 음식이 가득했고, 거리에는 온통 음악 소리가 울려 퍼졌어요.

"여봐라, 마법의 꽃을 가져오너라."

왕비님은 하녀에게 꽃을 가져오도록 했어요.

모두에게 자랑하며 으스댈 생각이었지요.

"이게 바로 마법의 꽃이라네. 영원한 아름다움을 주는 꽃이지!"

왕비님은 화분을 높이 치켜들었어요.

그런데 순간 백성들의 눈이 휘둥그레졌어요.

왕비님의 얼굴은 주름이 자글자글했고, 곱던 손은 쭈글쭈글해져 있었으며, 검던 머리카락은 희끗희끗 흰 머리가 나 있었던 거예요.

꽃이 피기를 기다리는 동안 왕비님은 늙어서 할머니가 되어 버린 것이었지요.

하지만 꽃을 가져온 하녀는 달랐어요.

여전히 희고 고운 얼굴, 주름 하나 없는 피부, 밤처럼 검고 매끄러운 머리카락을 갖고 있었지요.

“오, 저 꽃의 주인은 바로 하녀였어!”
“영원한 아름다움을 얻은 건 하녀였던 거야!”
사람들은 하녀를 향해 소리쳤어요.

무슨 일이든 진실한 마음으로 정성을 다하렴

꾸준히 참된 마음으로 계속해 노력하는 걸 정성이라고 하지.

무언가에 정성을 들인다는 건 열심히 최선을 다한다는 거야.

사람은 원하는 게 생기면 반드시 정성을 다해야만 해.

영원한 아름다움을 갖고 싶었지만

아무런 노력도 하지 않은 왕비님을 보렴.

결국 그토록 원하던 아름다움을 이룰 수 없었잖니?

그래, 세상에 그냥 이뤄지는 건 없단다.

노력한 만큼, 정성을 쏟은 만큼 대가가 돌아오는 게 삶이지.

엄만, 네가 앞으로 원하는 일에 정성을 다하고 그 보람을 느꼈으면 해.

게으름뱅이
한스

그저 막연하게 어떤 일에 오랜 시간을 투자하는 건 노력이 아니란다.
어떤 목표를 이루기 위해 땀 흘려 일하는 것이
바로 노력이란다.
노력은 도저히 할 수 없을 것 같던 일을 해내게 만드는
기적을 일으키지.

어느 마을에 한스라는 게으름뱅이가 살았어요.
한스는 다른 사람들이 열심히 일하는 걸 보아도 멀뚱멀뚱.
바닥에서 뒹굴뒹굴, 짚더미에서 버둥버둥.
온종일 먹고, 자고, 놀기만 했지요.
사람들은 한스를 볼 때마다 혀를 끌끌 찼어요.

"한스, 농사일 좀 도우렴. 그래야 맛있는 걸 먹지."
"싫어요. 전 그냥 맛있는 음식이 생겼으면 좋겠어요."
"한스, 양의 털이라도 좀 깎으렴. 그래야 따뜻한 옷을 만들어 입지."
"싫어요. 전 그냥 따뜻한 옷이 생겼으면 좋겠어요."
엄마는 허리춤에 손을 얹고 외쳤어요.

"한스, 사람은 원하는 걸 얻으
려면 일을 해야 해."

엄마가 다그쳤지만 한스는 싫다고
대꾸했어요.

한스는 오히려 이렇게 물었지요.

"힘들게 일하지 않고 원하는 걸 가질 수 있는 방법은 없나요?"

"좋아, 네게 특별한 방법을 알려 주마."

엄마는 한스의 귀에다가 대고 소곤소곤 말했어요.

"새의 꼬리에 소금을 뿌리고 소원을 빌어 보렴. 참, 억지로 새를 붙잡
아선 안 돼. 그냥 가만히 있을 때를 노려야 해. 그때 소금을 뿌리고 소
원을 빌어. 그러면 소원이 이뤄질 거야."

한스는 곧장 소금 통을 들고 숲으로 달려갔어요.

그때 파랑새 한 마리가 푸드덕푸드덕 날아왔어요.

한스가 새를 붙잡아 꼬리에다 소금을 뿌리려고 했어요.

그러자 새가 하늘 높이 날아오르며 이렇게 말하는 게 아니겠어요?

"잠깐, 나처럼 특별한 새의 꼬리에 소금을 뿌리려고 하다니!"

"어떻게 하면 꼬리에 소금을 뿌리게 해 줄 거니?"

"난 원래 공주였어요. 마법에 걸려서 새가 되고 말았지요. 나한텐 방울 장식이 달린 칼이 어울려요. 그걸 사다 줘요. 그럼 내 꼬리에 소금을 뿌리게 허락해 줄게요."

한스는 당장 시장으로 달려갔어요.
방울이 달린 칼은 꽤 비쌌어요.
하지만 한스는 가진 돈이 한 푼도 없었지요.
한스는 그 칼을 사려고 대장장이의 일을 거들어 주었어요.
우물까지 가서 물도 부지런히 길어 오고, 뜨거운 쇠에 토닥토닥 망치질을 하기도 했지요.
그렇게 보름 동안 쉬지 않고 일한 덕에 한스는 간신히 방울이 달린 칼 한 자루를 살 수 있었어요.

한스는 그 칼을 들고 숲으로 갔어요.
하지만 파랑새는 고개를 가로젓지 뭐예요.

“싫어요, 이건 내가 원하는 장식이 달린 칼이 아니에요. 칼 대신 가죽
으로 된 구두를 사 주세요.”
“구두를 사 달라고?”
한스는 당장 가죽 구두를 사고 싶었지만, 가진 돈이 한 푼도 없었어요.
한스는 가죽으로 신발을 만드는 가죽 장수를 찾아가서 가죽을 자르
고, 바닥을 쓸고 닦는 등 청소를 도맡아 했어요.
그렇게 보름 동안 쉬지 않고 일한 덕에 한스는 간신히 가죽으로 된
구두 한 켤레를 살 수 있었어요.

한스는 구두를 들고 곧장 파랑새에게 달려갔어요.
하지만 이번에도 파랑새는 구두가 마음에 들지 않는다며 꼬리를 내
어 주지 않았어요.
대신에 이번엔 털이 하얀 말 한 마리를 사 달라지 뭐예요.

한스는 또 부지런히 일해서 하얀 말 한 마리를 샀지요.
“이 말도 마음에 들지 않아요. 대신 성을 지어 주세요.”
한스는 성을 짓기 위해 궂은일도 마다하지 않았어요.
하지만 성을 짓는 데는 어마어마하게 많은 돈이 필요했어요.

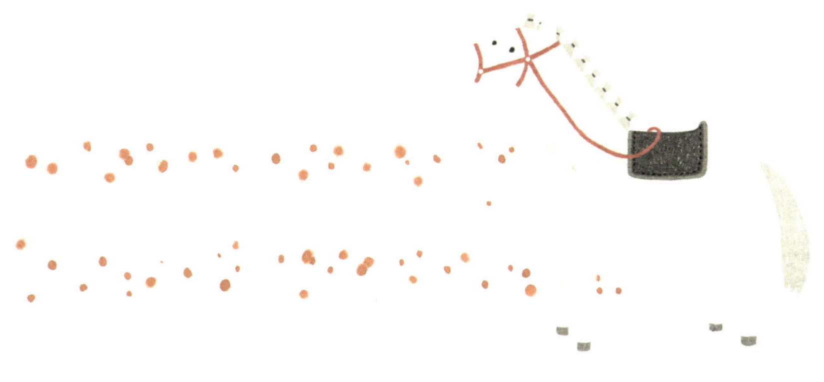

한스는 밤낮 없이 노력했고 그렇게 몇 년이 흘렀어요.

한스는 마침내 성 하나를 지을 수 있을 만큼 많은 돈을 벌었어요.

"파랑새야, 이 성은 마음에 드니?"

"좋아요. 이제 내 꼬리에 소금을 뿌려도 좋아요."

한스는 새의 꼬리에다 소금을 뿌리며 소원을 빌려고 했어요.

그런데 어떤 소원을 빌어야 할지 생각이 딱 떠오르지 않는 거예요.

그도 그럴 것이 이미 한스에게는 멋진 백마도 있고, 으리으리한 성도

있고, 돈도 많았으니까요.

"내 소원은…… 네가 다시 공주가 되는 거야."

한스가 소원을 빌자, 눈앞에 아리따운 공주가 나타났어요.

공주는 한스를 보고 빙그레 웃었지요.

"원하는 걸 가지려면 부지런히 노력해야 한다는 것을 알려 준 당신이
야말로 내게 가장 필요한 사람입니다. 나와 결혼해 주세요."

한스가 무릎을 꿇고 청혼했어요.

공주는 수줍게 그 청혼을 받아들였지요.

그 후 한스는 공주와 결혼해서 오래오래 행복하게 살았답니다.

꾸준히 노력하는 사람이 아름다운 결실을 얻는단다

최선을 다해서 뭔가를 꾸준히 한다는 건 참 어렵고 힘든 일이지.

하지만 하기 싫은 마음, 그만두고 싶은 마음을 참고 견디며

계속하다 보면 틀림없이 아름다운 결실을 얻게 되지.

그게 바로 노력이란 거야.

하지만 노력이란 그저 막연하게 오랜 시간을 투자하는 게 아니란다.

한스처럼 파랑새의 꼬리에 소금을 뿌리려고

필요한 것들을 하나씩 하나씩 갖춰 나가는 것,

어떤 목표를 이루기 위해 땀 흘려 일하는 것이 바로 노력이란다.

노력은 도저히 할 수 없을 것 같은 일을 해내게 만드는 기적을 일으키지.

아가야, 엄마는 네가 세상을 살아가며 무엇이든 열심히 노력했으면 좋겠어.

누구든 처음부터 모든 것을 쉽게 가질 수는 없어.

구두쇠 거인의 돌멩이 수프

엄만 네가 베풀고 나눌 줄 아는
너그러운 마음을 가진 아이로 자랐으면 좋겠어.
다른 사람의 것을 빼앗아 즐거워하기보다는
함께 나누고 기뻐하는 아이로 자랐으면 좋겠어.

옛날 어느 나라에 아주 커다란 거인이 살았어요.

거인은 아주 부자였지만 지독한 구두쇠였어요.

가뭄 때문에 농사를 망친 사람들이 굶어죽게 되었지만 거인은 곡식을 내어 주지 않았어요.

오히려 곳간의 빗장을 꽁꽁 걸어 잠근 채 누가 훔치러 오는 건 아닐까 하고 두 눈을 두리번두리번거렸어요.

커다란 콧구멍을 벌름거리며 주변을 살폈지요.

'흥, 맛있는 음식은 나 혼자 먹기에도 모자라!'

이듬해 여름엔 비가 너무 많이 내려서 농사를 망치게 됐어요.

사람들은 굶주림에 지쳐 쓰러졌지요.

하지만 이번에도 거인은 곳간 문을 걸어 잠근 채 빵 한 조각도 내어 주지 않았어요.

그러면서 다른 사람들이 음식을 탐낼까 봐 두근두근 불안해했지요.

'흥, 이 좋은 음식을 나눠 먹으면 내 것이 사라지잖아!'

그러던 어느 날의 일이에요.

너덜너덜 낡은 옷을 입은 여자가 거인의 집 문을 두드렸어요.

여자는 거인에게 이렇게 말했어요.

"배가 고파서 그래요. 먹을 걸 조금만 나눠 주세요."

거인은 얼른 밖으로 나와 문을 닫으며 말했어요.

"우리 집엔 먹을 게 하나도 없어!"

하지만 거인의 집에는 노릇노릇 구운 고기와 빵이 산더미처럼 쌓여 있었지요.

거인은 그 많은 음식을 혼자 먹으려고 거짓말을 한 것이었어요.

"그럼 부엌이라도 쓸 수 있게 해 주세요. 전 돌멩이 하나만 갖고도 맛있는 수프를 끓일 수 있답니다."

여자의 말에 거인은 고개를 갸웃했어요.

"돌멩이로 수프를 끓인다고?"

"네, 여기 이 돌멩이 좀 보세요. 반들반들 예쁘게 생겼죠? 전 이걸로 맛있는 수프를 끓일 수 있답니다."

"부엌만 빌려 주면 되는 거야?"

거인은 돌멩이 수프가 어떤 맛일지 궁금했어요.

그래서 은근슬쩍 부엌을 빌려 주겠다고 했지요.

여자는 고개를 끄덕였어요.

"네, 다른 건 아무것도 필요없어요. 돌멩이 하나만 있어도 세상에서 가장 맛있는 수프를 만들 수 있답니다."

여자는 솥에 물을 채워 화덕에 걸고 불을 피웠어요.
그리고 돌멩이를 깨끗이 씻어 솥 안에 넣었어요.
거인은 그걸 지켜보며 고개를 갸우뚱.
'대체 저게 어떻게 수프가 된다는 거지?' 하고 생각했지요.
돌멩이 밑에서 물방울들이 올라오기 시작하더니 보글보글 끓기 시작했어요.
여자는 수저로 솥 안을 휘휘 젓더니 한 숟갈 떠서 맛보았어요.
"아! 돌멩이 수프가 이렇게 맛있다니."
거인은 침을 꿀꺽.
대체 어떤 맛일까 궁금해서 견딜 수가 없었어요.

"그런데 간이 조금 맞지 않네요. 소금 좀 없어요?"
거인은 성큼 일어나 소금을 가져왔어요.
여자는 소금을 솥 안에 넣고 휘휘 저으며 맛을 보았어요.
"아! 돌멩이 수프가 이렇게 맛있다니. 그런데 향이 조금 없네요. 양파 좀 빌려 주시겠어요?"

거인이 곳간으로 가서 양파를 가져왔어요.

여자는 양파 껍질을 벗긴 다음 솥에다가 송송 썰어 넣었어요.

그리고 수저로 솥 안을 휘휘 저으며 말했어요.

"아! 돌멩이 수프가 이렇게 맛있다니. 그런데 조금 묽어요. 밀가루만 있으면 더 맛있을 텐데!"

거인은 일어나 밀가루를 가져왔어요.

그러자 여자는 밀가루를 솥에 넣고 수저로 휘휘 저었어요.

국물이 걸쭉해지면서 커다란 방울이 올라와 툭툭 터졌어요.

여자는 수저로 수프를 떠서 맛을 보았어요.

"아! 돌멩이 수프가 이렇게 맛있다니, 버터만 조금 더 넣으면 기가 막힐 텐데!"

여자의 말이 끝나기도 전에 거인은 버터를 가져

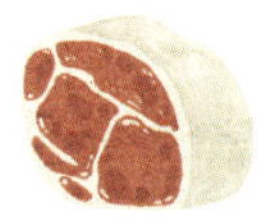

왔어요.

버터를 넣고 나니 고소한 기름 냄새가 퍼졌어요.

여자는 수저로 솥 안을 젓더니 아쉽다는 듯 말했어요.

"감자랑 고기만 조금 있었더라도!"

"잠깐만 기다리시오."

거인은 얼른 감자랑 고기를 가져다줬지요.

여자는 수저로 수프를 조금 떠 맛보았어요.

"야! 돌멩이 수프가 이렇게 맛있다니. 맛 좀 보시겠어요?"

거인은 얼른 여자가 내민 수프를 맛보았어요.

신기하게도 그 맛이 얼마나 기가 막히게 좋던지!

"다 되었어요. 혼자 먹기 아까우니 손님을 초
대해야겠어요."

여자가 수프가 든 솥을 들어 식탁에 놓으며 말
했어요.

"누굴 초대한다고?"

"어때요, 어차피 돌멩이 하나로 끓인 수프잖아
요."

거인의 집에 사람들이 북적북적.

사람들은 거인의 식탁에 둘러앉아 수프를 나눠 먹었어요.

거인도 사람들과 함께 수프를 먹기 시작했지요.

"아, 돌멩이 수프가 정말 맛있군요. 여기에 빵도 곁들여 먹을 수 있다면 최고일 텐데!"

여자가 수프를 한입 먹으며 말했어요.

거인은 얼른 곳간으로 뛰어가 빵을 가져왔어요.

식탁이 엄청 풍성해졌어요.

여러 사람과 함께 먹어서 그런지 식사는 더욱 맛이 났어요.

거인은 사람들과 함께 수프를 나눠 먹으며 신나게 말했지요.

"돌멩이 하나만 갖고도 세상에서 이렇게 맛있는 수프를 만들 수 있다니, 정말 놀라운 일이오!"

나눔의 기쁨을 아는 아이로 자라렴

혼자 많은 것을 가졌을 때보다 여럿이 조금씩 나눠 갖는 것이

더 좋을 때도 있어.

내 것을 다른 사람과 나누어 함께 누리는 것을

나눔의 기쁨이라고 하지.

우리는 혼자 힘으로 살아갈 수 없기 때문에

다른 사람의 도움을 받고, 때로는 다른 사람을 돕기도 해.

그러면서 자연스럽게 얻기도 하고, 나누기도 한단다.

엄만 네가 자기 것을 베풀고 나눌 줄 아는

너그러운 마음을 가진 아이로 자랐으면 좋겠어.

다른 사람의 것을 빼앗아 즐거워하기보다는

함께 나누고 기뻐하는 아이로 자랐으면 좋겠어.

나무꾼의
꿈

사람들은 저마다 꿈을 갖고 있단다.
모두 자기가 가진 꿈을 이루려고 노력하며 살아가지.
꿈은 삶의 희망이 될 정도로 값지고 소중한 것이란다.
꿈이 있기에 우리는 하루하루를 용기 내어
살아갈 수 있는 것이지.

숲 속에서 노랫소리가 들려옵니다.

"나는야 세상에서 가장 행복한 나무꾼.
점심은 비록 딱딱한 빵 한 조각과 우유 한 컵이 전부였지만
내겐 꿈이 있다네.
이보다 더 좋은 것이 무엇일까!"

나무꾼은 이른 새벽부터 밤늦도록 부지런히 일했지만 조금도 찡그
리고 불평하지 않았어요.
날마다 노래하며 방긋 웃었지요.
어느 날, 나무꾼이 일하는 숲에 왕의 마차가 지나가게 됐어요.

왕은 마차 안에서 나무꾼의 노랫소리를 들었지요.

행복하고 기운찬 노래를 들은 왕은 궁금한 게 생겼어요.

'점심으로 맛없는 빵을 먹으면서도 행복하다고? 혹시 그 빵에서 엄청 특별한 맛이 나는 게 아닐까.'

"당장 그 빵을 내게 바치거라. 그렇지 않으면 네게 큰 벌을 내릴 것이다."

그러자 나무꾼은 벌벌 떨며 빵을 내놓았어요.

왕은 나무꾼의 빵을 억지로 빼앗았지요.

"어디, 얼마나 맛있는지 맛 좀 볼까!"

왕은 나무꾼의 빵을 덥석 깨물었어요.

그런데 곧 얼굴이 일그러진 왕은 퉤퉤 하고 내뱉으며 소리쳤어요.

"뭐야, 돌덩이보다 더 딱딱하고 맛없는 빵이잖아!"

그때였어요.

숲 속에서 또 나무꾼이 노래하는 소리가 들려왔어요.
"나는야 세상에서 가장 행복한 나무꾼.
점심은 비록 맹물 한 모금이 전부였지만
내겐 꿈이 있다네.
이보다 더 좋은 것이 무엇일까!"
왕은 또 귀를 쫑긋했지요.

"맹물만 마셨는데도 꿈이 있어 행복하다고? 대체
그 꿈이 뭘까?"
왕은 나무꾼에게 꿈을 자기에게 달라고 했어요.
그러자 나무꾼은 그럴 수 없다고 했지요.
"그 꿈만 내게 준다면 뭐든 네가 원하는 것을 주겠다. 여봐라, 저 나
무꾼에게 은화를 가져다주거라."

왕의 명령을 받은 병사들이 은화를 가져왔어요.
나무꾼의 눈앞에 어마어마하게 많은 양의 은화가 번쩍번쩍!
나무꾼이 평생 일해도 벌 수 없을 정도로 많은 돈이었지요.
하지만 나무꾼은 고개를 가로저었어요.

"겨우 이것하고 제 꿈을 맞바꿀 수는 없어요."
"아니, 그 꿈이 대체 뭐길래 그러느냐. 좋다, 그럼 네게
산더미처럼 많은 금화를 주마."

왕은 나무꾼에게 엄청나게 많은 금화를 내어 주었어요.
나무꾼 앞에 금덩이가 번쩍번쩍!
눈이 부셔서 앞을 제대로 볼 수 없을 정도였지요.
그런데도 나무꾼은 고개를 가로저었어요.
"겨우 이것하고 제 꿈을 맞바꿀 수는 없어요."
"아니, 그 꿈이 대체 무엇이란 말이냐! 좋다, 그럼 네게 세상에서 가
장 아름다운 여인을 주마."

왕은 나무꾼에게 자기가 가장 사랑하는 공주와 결혼시켜 주겠다고
했어요.

아름다운 공주의 모습을 본 나무꾼은 수줍어서 고개도 들지 못했지요.

"자, 이제 그 꿈을 내게 다오."

"공주님이 아름답긴 하지만 그렇다고 제 꿈과 맞바꿀 수는 없어요.
제 꿈은 소중한 것이니까요."

왕은 나무꾼의 꿈이 갖고 싶어 안달이 났어요.

"좋다, 그럼 이 왕의 자리를 네게 주마!"

"정말요?"

"약속하마, 여기 있는 모든 사람 앞에서 맹세하겠다."

왕은 나무꾼에게 꿈을 내놓으라고 다그쳤어요.

그러자 나무꾼이 입을 열었어요.

"제 꿈은 세상에서 가장 솜씨 좋은 나무꾼이 되는 거랍니다."

그 말을 들은 왕은 화가 나서 버럭 소리쳤어요.

"뭐야, 겨우 그따위 꿈하고 왕의 자리를 맞바꾸다니!"

"폐하께는 하찮아 보이는 꿈일지 몰라도 제겐 세상 무엇보다 값진 꿈

인걸요."
　나무꾼의 말에 왕은 입을 꾹 다물고 말았어요.

　참, 그 후 왕은 어떻게 되었느냐고요?
　숲 속에서 끊임없이 도끼질을 하고 나무를 해야 했답니다.
　그리고 나무꾼은 어질고 현명한 왕이 되어 백성들의 소중한 꿈을 지켜 주었다지요.

꿈이 있는 사람은 하루하루가 소중하단다

사람들은 저마다 꿈을 갖고 있단다.

모두 자기가 가진 꿈을 이루려고 노력하며 살아가지.

꿈은 삶의 희망이 될 정도로 값지고 소중한 것이란다.

꿈이 있기에 우리는 하루하루를 용기 내어

살아갈 수 있는 것이지.

아가야, 꿈은 크든 작든 똑같이 중요해.

대통령이 되는 꿈은 멋진 꿈이고, 청소부가 되겠다는 꿈은 하찮은 게 아니야.

그 어떤 꿈이라도 자신이 즐겁고, 하고 싶어 하는 것이면

충분히 소중하단다.

그러니 네가 생각한 꿈을 쉽게 포기하거나 숨기지 말렴.

엄만 네가 꿈과 함께 하루하루 행복해지기를 바란다.

빚을 갚은
친구

우린 약속을 하고, 그 약속을 지키며 살아가지.
그런데 사람은 간사한 마음을 가진 존재여서
약속할 때의 마음과 하고 나서의 마음이 달라지기도 해.
그럴 때는 약속을 하던 첫 마음을 기억하렴.

이 이야기는 어느 뱃사람에 관한 거야.

옛날 어느 부둣가에 뱃사람이 두 명 살았어.

한 사람은 아주 뚱뚱했고, 또 한 사람은 키가 크고 멀대처럼 비쩍 말랐어.

그래서 사람들은 둘을 '뚱뚱이와 멀대'라고 놀려댔어.

그 둘은 태어나서부터 지금까지 단 한 번도 싸운 적이 없을 정도로 사이가 좋고 우애가 깊었지.

"오늘도 누가 고기를 많이 잡나 내기하자!"

"좋았어!"

뚱뚱이와 멀대는 각각 자기 배를 타고 바다로 나갔어.

그런데 이게 웬일이야.

멀대의 배가 파도에 뒤집혀 박살이 나고 말았어.

멀대는 큰 빚을 지고 길거리로 나앉게 됐어.

망설이던 멀대는 뚱뚱이에게 큰돈을 빌려 달라고 애원했어.

"부탁이야, 그 돈은 꼭 갚을게."

"하지만……."

뚱뚱이는 멀대의 부탁을 선뜻 들어주기가 힘들었어.

그 돈은 뚱뚱이한테도 꼭 필요한 것이었거든.

"신에게 약속하네. 자네 돈은 꼭 갚겠어."

멀대는 거듭 다짐했어.

결국 뚱뚱이는 멀대에게 큰돈을 빌려주었지.

멀대는 뚱뚱이의 돈으로 장사를 시작했어. 처음엔 어려웠지만 점점 형편이 나아졌지.

그러던 어느 날 멀대에게 큰 기회가 찾아왔어.

"이번에 바다를 건너가서 장사를 마치고 오면 자네한테 빌린 돈을 다 갚을 수 있을 것 같아."

"정말 축하해!"

뚱뚱이는 진심으로 친구의 장사가 잘 되기를 기도했지.

멀대는 바다 건너 땅으로 가서 장사를 했어.

덕분에 큰돈을 벌 수 있었지.

멀대는 신이 나서 서둘러 친구인 뚱뚱이가 있는 곳으로 가려고 했어.

그런데 배가 풍랑을 만나고 말았지 뭐야.

바람이 쌩쌩 몰아치자 집채만 한 파도가 배를 집어삼킬 듯 일어났지.

멀대는 이대로 가다간 배가 또 바다에 침몰할지도 모른다고 생각했어.

“내가 죽더라도 뚱뚱이에게 약속한 돈은 갚아야 해.”

멀대는 장사로 번 돈을 상자 두 개에 나눠 담았어.

그리고 두 통의 편지를 썼지.

한 통은 친구인 뚱뚱이에게, 나머지 한 통은 누구든 이 상자를 발견하게 될 사람에게 쓴 것이었어.

“이 돈은 자네에게 갚을 돈이라네. 부디 이 돈이 반드시 자네에게 갈 수 있었으면 좋겠어!”

“부탁입니다. 이 상자를 발견하게 되거든 절반은 갖고 나머지 절반은 제 친구인 뚱뚱이에게 전해 주세요.”

멀대는 돈과 편지가 든 상자를 바다에 풍덩 내던졌어.

그런데 순간 이상한 일이 벌어졌어.

쌩쌩 휘몰아치던 바람이 잠잠해지고, 파도도 잔잔히 가라앉지 뭐야.

“에이, 이럴 줄 알았으면 돈을 버리지 말걸 그랬어요.”

선원들은 멀대가 돈을 괜히 바다에 던졌다며 아까워했어.

하지만 멀대는 고개를 가로저었지.

"아니, 난 내 친구에게 한 약속을 지키려고 최선을 다한 거야. 그 돈을 모두 잃는다 하더라도 아깝지 않아."

한편, 뚱뚱이는 바닷가에서 고기를 잡다가 둥둥 떠내려 온 상자 두 개를 발견했어.

'저게 뭐지?'

뚱뚱이는 상자를 건져서 열어 보았어.

그랬더니 웬일이야.

상자 속엔 금화가 잔뜩 들어 있고, 편지도 들어 있었지.

더욱 놀라운 건 그 편지가 바로 멀대가 쓴 것이었다는 거야.

"내 친구가 약속을 지키려고 노력하는 모습에 신이 감동한 거야!"

뚱뚱이는 상자 두 개를 집으로 가져갔어.

그사이, 풍랑을 헤치고 육지로 돌아온 멀대는 친구에게 빌린 돈을 갚으려고 다시 열심히 일했어.

'어려울 때 나를 도와준 친구를 위해 약속을 반드시 지켜
야 해.'

멀대는 하루하루 부지런히 일해서 다시 큰돈을
모았지. 돈이 생긴 멀대는 뚱뚱이를 찾
아갔어.

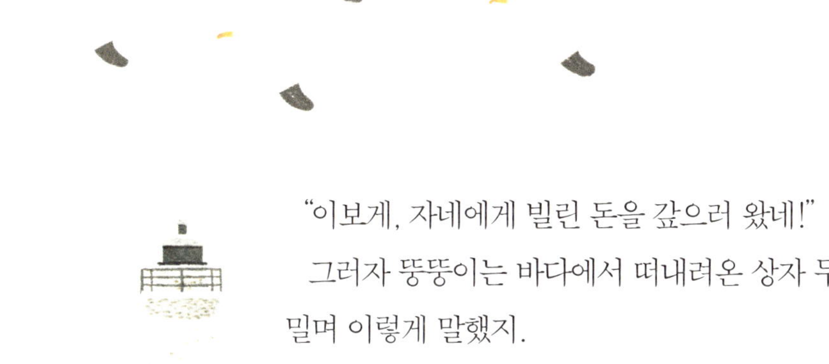

"이보게, 자네에게 빌린 돈을 갚으러 왔네!"

그러자 뚱뚱이는 바다에서 떠내려온 상자 두 개를 내밀며 이렇게 말했지.

"자네가 빌린 돈은 이미 오래전에 다 갚았다네. 나는 자네가 다시 돌아와 주기만 기다리고 있었어."

작은 약속도 소중히 여기는 사람이 되렴

세상을 살아가는 건 약속의 연속이야.

친구와의 약속, 사회 구성원들과의 약속, 사람과 사람 사이에 꼭 지켜야 할 약속 등등.

우린 약속을 하고, 지키며 살아가지.

그런데 사람은 간사한 마음을 가진 존재여서

약속을 할 때의 마음과 하고 나서의 마음이 달라지기도 해.

상황이 바뀌면 슬그머니 약속을 어기고 싶어지는 거야.

너도 이다음에 그럴 때가 있을 거야.

막상 원하는 걸 얻고 나면 귀찮아지는 거지.

그럴 때는 약속을 하던 첫 마음을 기억하렴.

아가야, 엄만 네가 작은 약속도 지키기 위해

최선을 다하는 아이로 자랐으면 좋겠어.

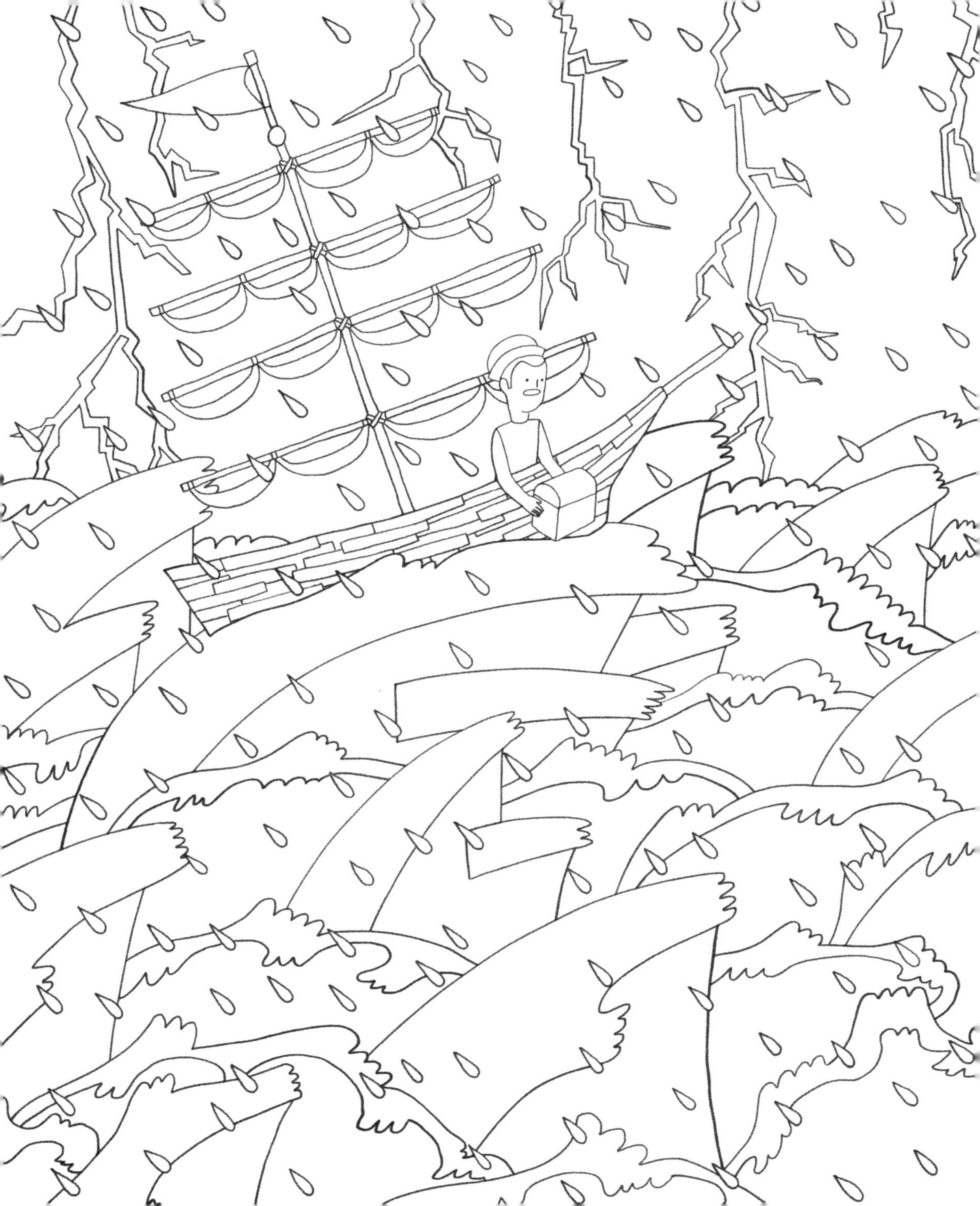

두더지의
친구 사귀기

사람들은 칭찬보다 흠잡기를 좋아하고, 나쁜 점을 꼬집어 말하곤 하지.
하지만 누군가와 진정한 친구가 되려면 좋은 점은 칭찬해 주고,
잘못한 점은 감싸 주어야만 해.
그렇지 않으면 두더지처럼 혼자 땅속에 굴을 파고들어 가
외롭고 쓸쓸하게 지내야 한단다.

땅속 깊은 곳에 아주 못생긴 두더지 한 마리가 살았어.

두더지는 날마다 외롭고 쓸쓸했어.

함께 노래할 친구도 없고, 뛰어놀 친구도 없었으니 땅속 어두컴컴한 굴속에 틀어박혀 있어야만 했지.

그러던 어느 날, 굴 밖에서 사박사박 소리가 났지 뭐야.

두더지는 귀를 쫑긋쫑긋.

'대체 누가 온 걸까?'

두더지는 살금살금 밖으로 나갔어.

굴 밖에는 다람쥐 한 마리가 있었어.

두더쥐는 입 안 가득 도토리랑 땅콩을 물고 있던 다람쥐와 딱 마주쳤어.

"안녕, 난 겨울 동안 먹을 먹이를 넣어 둘 창고를 찾는 중이야."

"그래."

두더지는 퉁명스럽게 대꾸했어.

"만나서 반가워, 이 도토리 먹을래?"

다람쥐가 물었지.

하지만 두더지는 다람쥐가 마음에 들지 않았어.

다람쥐는 털도 짧고, 손도 작고, 발도 작고, 게다가 입이 주먹보다 더 크잖아.

"아니, 난 도토리 같은 거 안 좋아해."

두더지의 말을 들은 다람쥐는 눈물이 글썽글썽.

상처를 받은 거야.

다람쥐는 쌩하니 사라져 버렸어.

이튿날이 되자 두더지의 굴 밖에서 또 사각사각 소리가 났어.

두더지는 귀를 쫑긋쫑긋.

'대체 누가 온 걸까?'

두더지는 살금살금 밖으로 나갔지.

굴 밖에는 기다란 뱀 한 마리가 있었어.

뱀은 겨울잠을 잘 자리를 찾아다니다가 두더지의 굴 앞까지 오게 된

것이었지.

"안녕, 난 겨울잠을 잘 장소를 찾는 중이야."

"그래."

두더지는 퉁명스럽게 대꾸했어.

"만나서 반가워, 우리 친구 할래?"

뱀이 긴 혀를 날름대며 물었지.

하지만 두더지는 뱀이 마음에 들지 않았어.

피부는 미끌미끌, 몸은 가늘고, 꼬리가 긴 것도 싫었어.

게다가 말할 때마다 날름거리는 긴 혓바닥도 보기 싫었지.

"아니, 무엇보다도 난 너의 긴 혓바닥이 무서워."

두더지의 말을 들은 뱀은 고개를 푹 숙였어.

두더지의 말이 가슴 아팠던 거야.

뱀은 다른 곳을 찾아가겠다며 두더지 앞을 사사삭 지나가 버렸어.

다음 날이 되자 두더지의 굴 밖에서 또 사각사각 소리가 났어.

두더지는 귀를 쫑긋쫑긋.

'이번엔 또 누가 온 걸까?'

두더지는 살금살금 밖으로 나갔지.

밖에는 땅강아지가 땅을 파고 있었어.

땅강아지가 긴 더듬이를 더듬더듬.

움직일 때마다 비이 비이 하는 날갯소리가 났지.

"안녕, 난 아늑한 땅굴을 찾고 있어."

"그래."

두더지는 퉁명스럽게 대꾸했어.

"만나서 반가워, 우리 친구 할래?"

땅강아지가 더듬이를 더듬거리며 물었어.

하지만 두더지는 땅강아지가 마음에 들지 않았어.

까맣고 동그란 눈에 기다란
더듬이가 있는 것도 싫었어.
짧은 황갈색 날개도 아름답지 않았지.
게다가 삽처럼 넓적한 앞다리는 또 어떻고.
"아니, 난 혼자 노는 게 더 좋아."

그러자 땅강아지는 어깨를 털썩.
두더지의 말에 상처를 받은 거야.
결국 땅강아지도 다른 곳으로 가 버리고 말았지.

하루가 지나고 이틀이 지났지만 두더지의 땅굴 앞에는 아무도 찾아
오지 않았어.
두더지는 귀를 쫑긋하고 밖에 누가 찾아오지 않을까 기다렸지만 소
용이 없었지.

두더지는 외로워서 견딜 수가 없었어.
그런데 밖에서 쿵짝쿵짝 신나는 음악 소리가 들리지 뭐야.
호기심이 생긴 두더지는 살그머니 바깥으로 나갔지.

그런데 이게 웬일이야.

다람쥐랑 뱀이랑 땅강아지랑 다른 동물 친구들이 모여서 신나게 놀고 있는 거야.

두더지도 친구들과 함께 놀고 싶은 마음이 굴뚝같았어.

하지만 이미 싫다고 말한 친구들에게 다시 다가갈 방법이 없었지.

타인의 장점을 먼저 보는 사람이
진정한 친구를 얻는단다

세상은 절대 혼자 살아갈 수 없어.

그러니 친구를 사귄다는 건 아주 중요한 일이란다.

그런데 다른 사람과 친구가 되려면 먼저 꼭 해야 할 일이 있어.

바로 그 친구의 좋은 점을 꺼내 보아 주고, 알아주고, 이해해 주는 것이지.

하지만 사람들은 칭찬보다 흠잡기를 좋아하고, 나쁜 점을 꼬집어 말하곤 하지.

진정한 친구가 되려면 좋은 점은 칭찬해 주고,

잘못한 점은 감싸 주고 아껴야만 해.

그렇지 않으면 두더지처럼 혼자 땅속에 굴을 파고들어 가

외롭고 쓸쓸하게 지내야 한단다.

세상에서
가장 뛰어난
재주

지혜는 지식과는 조금 다른 것이란다.
지혜는 오로지 다른 사람의 이야기를 주의 깊게 듣고,
묵묵히 자신의 기준으로 무언가를 판단하고,
그것이 옳은 것인지 그른 것인지 알아가는 과정에서 쌓여 가는 것이거든.
지식이 많은 아이보다 남의 말에 귀 기울일 줄 아는
지혜를 가진 아이로 자라길 바란다.

어느 나라에 세 공주가 살았습니다.

첫째 공주와 둘째 공주는 매우 아름답고 재주도 뛰어났습니다.

왕은 두 공주를 무척 사랑했습니다.

왕은 입만 열면 두 공주의 자랑을 했지요.

왕은 이웃나라 신하들에게도 공주의 자랑을 했습니다.

"우리 첫째 공주는 노래를 아주 잘해요. 첫째의 노래를 들은 사람은 평생 그 목소리를 잊을 수 없을 정도랍니다."

"우리 둘째 공주는 바느질을 아주 잘해요. 누더기 천을 가져다 줘도 아름답고 화려한 옷을 만들어 낸답니다."

하지만 왕은 셋째 공주의 이야기만 나오면 입을 꾹 다물었습니다.

그도 그럴 것이 셋째 공주는 무엇 하나 내세울 것이 없었거든요.

"셋째야, 넌 왜 그렇게 못생겼느냐. 아이고, 노래는 왜 또 그렇게 못 부르니. 내가 너 같은 딸을 뒀다는 사실이 부끄럽구나."

왕은 셋째 공주를 볼 때마다 한숨을 푹 쉬었어요.

그때마다 셋째 공주는 고개를 숙인 채 미안한 표정을 지었지요.

비록 못생기고, 노래도 못하고, 손도 야무지지 못했지만 그런 셋째 공주에게도 장점은 있었습니다.

셋째 공주는 생각이 바다처럼 깊어서 함부로 말하지 않고, 경우에 맞지 않는 행동을 하지 않으며, 다른 사람의 마음을 진심으로 위로할 줄 알았습니다.

그러던 어느 날, 이웃 나라 왕자님이 신붓감을 구한다는 소문이 들려왔어요.

"누구든 특별한 재주를 가진 처녀라면 왕자님의 신부가 될 수 있다지."

그 소문을 들은 왕은 첫째 공주와 둘째 공주를 이웃나라로 보내기로 마음먹었습니다.

"첫째야, 왕자를 만나거든 네 노래 솜씨를 들려주렴. 틀림없이 네게 흠뻑 빠질 게다."

"둘째야, 넌 왕자에게 어울릴 만한 옷을 만들어 주렴. 틀림없이 네 솜씨에 깜짝 놀랄 게다."

왕은 두 공주를 칭찬하며 잔뜩 기대에 부풀었어요.

그때 셋째 공주가 자기도 언니들과 함께 왕자님을 찾아가게 해달라고 부탁했습니다.

"좋아, 어디 네 마음대로 해 보렴. 하지만 너 같이 아무런 재주가 없는 아이는 천지에 웃음거

리가 되지는 않을까 걱정이구나."

왕은 마지못해 셋째 공주도 이웃나라에 보내기로 했지요.

이웃나라에 도착한 세 공주는 왕자님을 만나게 되었습니다.

왕자님의 방에는 많은 아가씨들이 있었어요.

다른 나라에서 온 공주도 있었고, 귀족 아가씨도 있었고, 아주 가난한 농부의 딸도 있었지요.

그들은 모두 왕자님에게 재주를 뽐내려고 준비했습니다.

"자, 이제 한 사람씩 앞으로 나와서 자신의 재주를 뽐내 보시오."

처녀들은 앞다투어 자기 자랑을 늘어놓았습니다.

"저는 세상 누구보다 맛있는 음식을 만들 수 있어요."

"저는 세상 누구보다 농사를 잘 지을 수 있답니다."

"저는 세상 누구보다 고기를 많이 잡을 수 있어요."

두 공주도 뒤질세라 열심히 자랑을 했습니다.

하지만 셋째 공주는 아무 말도 하지 않았습니다.

"그대는 어찌하여 아무 말도 하지 않느냐?"

왕자가 셋째 공주에게 물었습니다.

"제가 가진 재주는 그저 묵묵히 남의 말을 들어 주고, 이해해 주는 것뿐이랍니다. 저는 비록 다른 재주는 없지만, 왕자님의 고민을 들어줄 수는 있습니다."

왕자는 셋째 공주의 손을 꼭 잡으며 말했습니다.

"그대야말로 이 세상에서 가장 귀한 재주를 가진 사람이오!"

남의 말에 귀 기울일 줄 아는 지혜를 가지렴

이 지혜란 어디서, 어떻게 생기는 걸까?

지식은 여러 가지 가치와 교훈이 담긴 책을 통해 배울 수도 있어.

하지만 지혜는 지식과는 조금 다르단다.

지식은 배우는 것이지만, 지혜는 깨닫는 것이란다.

지식은 알고 있으나 실천하지 못할 수 있지만,

지혜는 알고 있으므로 실천하는 것이란다.

지식은 세상을 넓게 아는 것이지만,

지혜는 세상을 깊게 대하는 것이란다.

아가야, 엄마는 네가 지식이 많은 아이보다

남의 말에 귀 기울일 줄 아는 지혜를 가진 아이로 자라길 바란단다.

행복한
사람의 신발

지나치게 높은 잣대로 행복을 판단하다 보면
자신도 모르게 스스로 불행하다고 생각하고
우울해하는 사람이 된단다.
맛있게 먹고, 편히 자고, 부지런히 일할 수 있는 것만으로도
만족할 수 있어야 한단다.
삶의 작은 것에도 감사할 줄 아는 사람이 행복하단다.

오랜 옛날 어느 나라에 임금님이 있었습니다.

임금님이 다스리는 나라는 매우 넓고 풍요로웠습니다.

군대는 용감했고, 신하들은 충성스러웠죠.

임금님에겐 부족한 것이 전혀 없어 보였습니다.

하지만 임금님은 날마다 한숨을 푹푹.

얼굴엔 늘 어두운 그림자가 드리워져 있었습니다.

"아, 나는 전혀 행복하지 않아."

임금님은 그 무엇도 즐겁지 않았습니다.

맛있는 음식을 먹어도 기쁘지 않고, 재미있는 광대 놀이를 보아도 웃
기지 않고, 번쩍이는 황금을 보아도 신나지 않았습니다.

임금님은 날마다 한숨을 푹.

온종일 우두커니 앉아 있거나, 잠만 쿨쿨 자기 일쑤였습니다.

"폐하의 병을 고칠 의사를 찾아오너라!"

보다 못한 왕비님이 신하들에게 명령했습니다.

하지만 그 누구도 임금님의 병을 고칠 수 없었습니다.

뾰족한 방법은커녕 제대로 된 이유조차 알아내지 못했습니다.

왕비님의 근심이 깊어갔지요.

그러던 어느 날, 지나가던 나그네가 왕비님을 찾아왔습니다.

"왕비님, 세상에서 가장 행복한 자의 신발을 찾아 신겨 보십시오. 그
럼 폐하의 고통이 사라질 것입니다."

"그게 정말이냐?"

"네, 반드시 세상에서 가장 행복한 자여야만 합니다."

나그네는 이 말만 남기고 연기처럼 사라져 버
렸습니다.

대체 세상에서 가장 행복한 사람은 누굴까

요?

왕비님은 신하들에게 그 사람을 찾아오라고 명령했습니다.

온 나라를 구석구석 뒤져서라도 반드시 찾아야 한다고, 돈이 얼마가 들어도 좋으니 꼭 찾아 와야 한다고 신신당부했지요.

신하들은 온 나라를 샅샅이 뒤지기 시작했습니다.

"세상에서 가장 행복한 사람은 누굴까?"

"그야 물론 돈이 많은 사람이겠지."

신하들은 부랴부랴 가장 돈이 많은 사람의 신발을 구하러 갔습니다.

하지만 이 나라에서 가장 부자로 손꼽히는 사람은 아주 몹쓸 병에 걸려 죽을 날만 기다리고 있었습니다.

그는 전혀 행복해 보이지 않았지요.

"세상에서 가장 행복한 사람은 누굴까?"

"혹시 아는 게 가장 많은 사람이 아닐까?"

신하들은 부랴부랴 가장 똑똑한 학자의 신발을 구하러 갔습니다.

하지만 이 나라에서 가장 똑똑한 학자의 얼굴은 근심 걱정이 가득해 보였습니다.

아는 게 많은 탓에 걱정도, 근심도 많았던 겁니다.

"세상에서 가장 행복한 사람은 누굴까?"

"혹시 자식이 가장 많은 사람이 아닐까?"

신하들은 부랴부랴 자녀를 가장 많이 둔 엄마의 신발을 구하러 갔습니다.

하지만 엄마는 자녀들을 키우느라 정신이 없어서 신하들이 하는 말도 제대로 들을 수가 없었습니다.

신발을 어디다 두었는지조차 기억 못 할 정도였지요.

"세상에서 가장 행복한 사람은 누굴까?"

"혹시 가장 용감한 사람이 아닐까?"

신하들은 부랴부랴 가장 용맹한 장군의 신발을
구하러 갔습니다.
하지만 가장 기운 세고 용감한 장군은 자기보다 더
강하고, 더 기운 센 사람이 나타날까 봐 조마조마해하고
있었습니다.

"이제 더는 못 찾겠어요."
"휴, 그만 성으로 돌아갑시다."
결국 신하들은 세상에서 가장 행복한 사람을 찾지 못한 채 돌아가기
로 했습니다.

그런데 가만, 저 멀리 외딴집에서 아름다운 노랫소리가 들렸습니다.
"나는야 행복한 사람, 즐겁게 일하고, 신나게 먹었으니 이제 잠만 쿨
쿨 자면 되겠구나. 나는야 걱정도 근심도 없네."
"찾았다! 드디어 가장 행복한 사람을 찾았어."

신하들은 부랴부랴 왕비님께 달려갔습니다!
이튿날, 왕비님은 외딴집에 사는 사람의 신발을 사려고 금은보화를
잔뜩 싣고 갔습니다.

"이곳이냐?"

"네, 왕비님, 어서 들어가십시오."

왕비님은 세상에서 가장 행복한 사람이 누굴까 궁금해하며 문을 열었습니다.

신하들도 그가 신은 신발이 얼마나 아름답고 좋을지 궁금하기 그지없었습니다.

"세상에서 가장 행복한 사람은 들어라! 이 나라의 임금님을 위해 당신의 신발을 사 가야겠다."

그러자 가장 행복한 자가 나타났습니다.

"제 신발을 사겠다고요? 그런데 이렇게 낡고 다 떨어진 신발을 어디에 쓰시려고요?"

세상에서 가장 행복한 사람은 너덜너덜하고 낡고 헤진 신발을 신은 농부였습니다.

삶의 작은 것에도 만족할 줄 아는 사람이 행복하단다

행복의 기준은 사람마다 달라.

어떤 사람은 돈이 많아야 행복하다고 생각하고,

또 어떤 사람은 여러 사람들이 우러러 보는 자리에 서야

행복하다고 생각하지.

이렇게 다른 행복의 기준 때문에 어떤 사람은 돈이 많아도 불행하다고 느끼고,

어떤 사람은 가난하지만 행복하다고 느끼는 거란다.

아가야, 지나치게 높은 잣대로 행복을 판단하다 보면

많이 가졌음에도 불구하고 스스로 불행하다고 생각하고 우울해하는 사람이 된단다.

맛있게 먹고, 편히 자고, 부지런히 일할 수 있는 것만으로도

행복해질 수 있어야 한단다.

삶의 작은 것에도 감사할 줄 아는 사람이 행복하단다.

용감한 아기 양
몰리

용기는 다른 사람을 위해 힘을 내는 것이고
나서야 할 때 당당하게 나서는 것이지만,
만용은 다른 사람들에게 우쭐거리고 싶고
자신을 돋보이게 하고 싶은 마음으로 섣부른 행동을 하는 것이란다.
그러니 용기 내어 나서야 할 때와 아닐 때를 구분할 줄 알아야 해.

"커스티, 늑대는 어떻게 생겼어?"

"까만 털에 빨간 코, 거기다 주둥이가 삐죽 나왔어. 늑대는 뾰족하고 날카로운 이빨로 너흴 콱 물어 버릴 수도 있어. 발톱은 또 어떻고! 어마어마하게 길고 날카로운 발톱으로 너흴 꽉 움켜쥘 수도 있어."

양치기 개 커스티의 말에 아기 양들은 덜컥 겁이 났어요.

"커스티, 늑대를 만나면 어떡하죠?"

"늑대를 만나면 곧장 도망쳐야 해. 뒤돌아보지 말고 도망쳐! 그리고 큰 소리로 날 불러!"

커스티는 아기 양들에게 신신당부했어요.

잔뜩 겁먹은 아기 양들은 몸을 잔뜩 웅크린 채 고개를 끄덕끄덕.

하지만 몰리는 달랐어요.

몰리는 커스티의 말을 듣는 둥 마는 둥 했지요.

몰리는 스스로 세상에서 가장 용감한 양이라고 생각했거든요.

"늑대가 나타나면 내가 이 단단한 이마로 쾅! 박치기해 버리겠어."

몰리는 어깨에 힘을 잔뜩 주고 말했어요.

그러던 어느 날이었어요.

몰리와 아기 양들이 풀밭에서 한가롭게 풀을 뜯으며 놀고 있었어요.

햇살이 쨍글쨍글, 바람이 솔솔.

초록빛 풀은 어느 때보다 싱그럽고 맛있었어요.

"메에, 메에. 참 맛있다!"

앗, 그런데 잠깐. 저게 뭘까요?

수풀 사이로 까만 털에 빨간 코, 삐죽 나온 주둥이를 가진 뭔가가 나
타났어요.

커스티가 말한 늑대가 틀림없었어요!

"얘들아, 도망쳐!"

아기 양들은 뿔뿔이 흩어져 도망쳤어요.

하지만 몰리는 꼼짝도 하지 않았지요.

몰리는 도망치기는커녕 목소리를 낮게 깔고 소리쳤어요.
"이놈, 늑대야, 덤벼라!"
몰리는 앞발로 돌멩이를 힘껏 걷어찼어요.
그러자 돌멩이에 맞은 늑대가 뒤로 발라당 나자빠져 버렸지 뭐예요.
"늑대는 힘도 세고 사납다고 했는데……. 아니잖아?"
몰리는 자신이 생겼어요.

"이 늑대 녀석, 얌전히 굴지 않으면 또 때려 줄 테다!"
"윽, 제발 용서해 줘. 난 힘도 없고 연약한 늑대란다."
"쳇, 늑대도 별거 아니네."
늑대는 몰리에게 무릎을 꿇고 살려 달라며 애원했어요.
몰리는 어깨에 잔뜩 힘을 주고 으스대며 말했지요.
"좋아, 널 살려 주마."
"고마워, 기운 센 아기 양아. 그런데 내가 지금 많이 다쳤단다. 날 집
까지 데려다 주겠니?"
늑대의 말에 몰리는 고개를 끄덕였어요.

몰리는 늑대를 부축했지요.

늑대는 숲 속 깊숙한 곳으로 가면 집이 보일 거랬어요.

얼마나 갔을까? 숲 속은 대낮인데도 밤처럼 어두웠어요.

금방이라도 뭔가 훅 튀어 나올 것만 같았지요.

몰리는 살짝 두려웠어요.

"왜 그러니, 용감한 아기 양아. 설마 겁이 나는 건 아니겠지?"

늑대가 뾰족한 두 귀를 쫑긋하며 물었어요.

몰리는 겁쟁이라고 놀림받고 싶지 않았어요.

그래서 일부러 더 크고 자신 있는 목소리로
대답했지요.

"누가 겁낸다고 그래? 난 하나도 무섭지 않
아."

"좋아, 넌 정말 용감한 양이로구나."

늑대는 조금만 더 가면 집이 보일 거라고 했
어요.

숲은 점점 더 어두워졌어요.

바람이 불어올 때마다 바스스 이상한 소리

도 났지요.

몰리는 점점 더 두려움이 커졌어요.

다리가 후들거리고 심장이 콩닥콩닥 뛰었지요.

"왜 그러니, 용감한 아기 양아. 설마 겁나는 건 아니겠지?"

몰리는 당장이라도 도망치고 싶었지만, 겁쟁이라고 놀림받을까 봐 일부러 시치미를 뚝 뗐어요.

몰리는 오히려 아까보다 더 크고 센 목소리로 대답했지요.

"누가 겁낸다고 그래? 난 가장 용감한 양이야."

"맞아, 넌 정말 용감한 양이야."

늑대는 조금만 더 가면 집이 보일 거라고 했어요.

그러고는 날카로운 이빨을 번뜩이며 웃었어요.

어느새 늑대의 집 앞에 이르렀어요.

늑대는 몰리에게 함께 집으로 들어가자고 했어요.

"내가 맛있는 수프를 대접할게."

"괘, 괜찮아."

"왜 그러니, 용감한 아기 양아. 설마 겁나는 건 아니겠지? 보글보글 뜨겁고 구수한 수프를 대접할게."

몰리는 늑대가 시키는 대로 순순히 집 안으로 들어갔어요.

그러자 늑대가 크크크 웃으며 말했어요.

"수프를 만들려면 꼭 필요한 게 있지. 그건 바로 말랑말랑하고 쫄깃한 아기 양이란다."

늑대가 길고 날카로운 발톱을 치켜세웠어요.

몰리는 그제야 뭔가 잘못됐다는 걸 깨달았어요.

하지만 무서워서 다리가 바들바들, 팔이 후들후들.

도망칠 힘도 나지 않았어요.

바로 그때였어요.

어디선가 우렁찬 "컹컹!" 소리가 들려왔어요.

그 울음소리는 양치기 개 커스티의 목소리였어요.

커스티는 늑대를 향해 으르렁거렸어요.

당장이라도 늑대를 왕 물어뜯을 것처럼 매섭게 으르렁!

그러자 겁먹은 늑대가 부리나케 달아났답니다.

"늑대를 조심하라고 얘기했잖니, 몰리!

지혜롭지 못한 용기는 큰 위험을 부르는 법이야!"

진정한 용기를 가진 아이가 되렴

어리석게 날뛰는 용감함을 '만용'이라고 한단다.

많은 사람들이 용기와 만용을 잘 구분하지 못하는데,

이 둘은 엄연히 다르단다.

용기는 다른 사람을 위해 힘을 내는 것이고

나서야 할 때 당당하게 나서는 것이지만,

만용은 다른 사람들 앞에서 우쭐거리고 싶고

자신을 돋보이게 하고 싶은 마음으로 섣부른 행동을 하는 것이란다.

아가야, 경솔한 용기는 자신뿐만 아니라 주변 사람들도

위험에 빠트릴 수 있단다.

그러니 용기 내어 나서야 할 때와 아닐 때를 구분할 줄 알아야 해.

황금 사과

강한 의지를 갖고 꾸준히 한길을 가다 보면
반드시 빛이 보이고, 결과가 나타나게 되어 있단다.
의지를 갖고 노력하다 보면 사람은 놀라운 능력을 발휘하게 돼.
엄만 네가 비록 작은 일이라 해도 의지를 갖고 노력해서
하나씩 성취해 나가는 기쁨을 맛보았으면 해.

어느 왕의 궁궐 앞뜰에 커다란 사과나무가 있었어요.

그 나무에는 황금 사과가 주렁주렁 열렸지요.

왕은 그 나무를 목숨처럼 애지중지 아꼈어요.

그런데 얼마 전부터 간 큰 도둑이 나타났지 뭐예요.

자고 일어나면 사과 하나가 없어지고, 또 자고 일어나면 사과 하나가 없어지고!

왕은 사과가 없어질 때마다 고래고래 소리를 지르며 불같이 화를 냈어요.

"누가 감히 내 황금 사과를 훔쳐 간 거냐!"

그 모습을 본 첫째 왕자가 왕에게 말했어요.

"아바마마. 제 총명한 머리로 반드시 도둑을 밝혀내겠습니다."

"오, 그래! 똑똑한 첫째, 너만 믿으마."

둘째 왕자도 이에 질세라 말했어요.

"천만에요. 도둑은 제가 잡을 겁니다. 이얍, 저의 뛰어난 무술 실력으로 도둑을 단방에 때려눕히겠습니다."

"오, 그래! 용감한 둘째, 너도 믿으마."

왕은 매우 든든했지요.

하지만 셋째 왕자는 아무 말도 하지 않고 조용히 서 있기만 했어요.

그 모습을 본 왕은 인상을 찌푸렸어요.

"셋째 너는 도둑을 잡을 자신이 없나 보구나."

"저는……."

"됐다. 이런 겁쟁이 같으니라고."

왕은 버럭 화를 내고 돌아섰어요.

그날 저녁의 일이었어요.

사과나무를 지키기 위해 앞뜰로 간 첫째 왕자는 아침부터 밤까지 두 눈을 부릅뜬 채 꼼짝도 하지 않았어요.

하지만 시간이 지날수록 심심하고 지루했어요.

"에잇, 모르겠다."

첫째 왕자는 나무 아래 기대어 쿨쿨 잠을 자기 시작했어요.

이튿날 아침, 눈을 뜬 첫째 왕자는 놀라서 화들짝!

글쎄, 잠깐 잠든 사이에 황금 사과를 도둑맞았던 거예요.

이튿날, 사과나무를 지키기 위해 앞뜰로 간 둘째 왕자는 아침부터 밤까지 두 눈을 부릅뜬 채 꼼짝도 하지 않았어요.

하지만 시간이 지날수록 심심하고 지루했어요.

"에잇, 모르겠다."

둘째 왕자는 나무 아래 기대어 쿨쿨 잠을 자기 시작했어요.

이튿날 아침, 눈을 뜬 둘째 왕자는 놀라서 아이코!

글쎄, 잠깐 잠든 사이에 황금 사과를 도둑맞았던 거예요.

그다음 날, 이번엔 셋째 왕자가 사과나무를 지키기로 했어요.

셋째 왕자는 아침부터 밤이 될 때까지 사과나무 아래서 눈을 부릅뜨고 있었어요.

졸음이 파도처럼 밀려왔지만 왕자는 절대 눈을 감지 않았어요.

셋째 왕자는 수풀 속에 숨어서 도둑이 나타나기만을 기다렸어요.

얼마나 기다렸을까?

갑자기 주변이 낮처럼 환하게 밝아지더니 황금 빛깔 깃털을 가진 불새가 나타났어요!

불새가 황금 사과를 쪼아 먹기 시작했어요.

셋째 왕자는 불새를 붙잡으려고 손을 앞으로 살며시 뻗었어요.

그런데 인기척에 놀란 불새가 하늘을 향해 날아올라가 버렸어요.

"엇!"

셋째 왕자의 손에는 불새의 깃털 하나만 달랑 들려 있었지요.

이튿날 아침, 셋째 왕자는 황금 사과를 먹은 범인인 불새를 놓치고 말았다며 깃털을 내밀었어요.

왕은 이글이글 타오르는 불처럼 새빨간 깃털을 보고 두 눈이 휘둥그레졌어요.

"오오, 이것이 불새로구나! 누구든 좋다. 불새를 잡아 오는 왕자에게
왕위를 물려주마."

그러자 잘난 체하길 좋아하는 첫째 왕자가 불새를 잡겠다며 길을 떠
났어요.
첫째 왕자는 윤기가 좔좔 흐르는 말을 타고, 금화를 잔뜩 짊어지고
길을 떠났어요.
이어서 허풍 심한 둘째 왕자도 첫째 왕자의 뒤를 따랐어요.
둘째 왕자는 발이 빠른 말을 타고, 은화를 잔뜩 짊어지고 길을 떠났
어요.
물론 셋째 왕자도 불새를 찾으러 떠났어요.
하지만 형들이 좋은 말을 모두 가져가 버린 탓에 나귀 한 마리랑 빵
한 덩어리만 가지고 길을 떠나야 했지요.

그렇게 얼마나 먼 길을 갔을까?
첫째 왕자와 둘째 왕자는 길을 가다가 나무 그늘 아래에서 잠시 쉬기
로 했어요.
둘은 드르렁드르렁 쿨쿨 낮잠을 자기 시작했지요.

그런데 그사이, 말이랑 금화랑 은화가 몽땅 사라져 버렸어요.

글쎄, 온몸에 털이 황금처럼 번쩍이는 늑대가 나타나서 말을 꿀꺽 잡아먹고 금화랑 은화도 가로챈 거예요.

"으악, 우리 말이 없어졌어!"

"으악, 우리 돈도 없어졌어!"

두 왕자는 울상을 지었지요.

"이대론 불새를 찾을 수 없을 거야. 그냥 포기하자."

"그래, 포기하는 게 좋겠어."

두 왕자는 불새 찾기를 포기하고 성으로 돌아갔어요.

그러고는 왕에게 이렇게 말했지요.

"그 새는 절대 누구도 찾을 수 없습니다."

"맞아요, 누구도 불새를 잡을 수 없을 거예요."

한편, 형들과 달리 불새 찾기를 포기하지 않은 셋째 왕자는 부지런히 불새를 찾아다녔어요.

그러다가 잠깐 나무 그늘 아래에서 쉬기로 했지요.

피곤했던 셋째 왕자는 자기도 모르는 새 잠이 들었어요.

드르렁 쿨쿨 코까지 골았지요.

그사이, 나귀랑 빵이 사라져 버렸지 뭐예요.

글쎄, 온몸에 털이 황금처럼 번쩍이는 늑대가 나타나서 나귀를 꿀꺽 잡아먹고 빵도 먹어치운 거예요.

셋째 왕자는 울상을 지었어요.

"하는 수 없지. 걸어서라도 가는 수밖에."

셋째 왕자는 끝까지 불새 찾는 일을 포기하지 않았지요.

셋째 왕자는 불새를 찾아 여기저기를 헤매고 다녔어요.

하지만 불새는커녕 비슷한 새의 그림자조차 볼 수 없었지요.

셋째 왕자가 어깨를 축 늘어뜨린 채 훌쩍훌쩍 울 때였어요.

온몸이 번쩍이는 황금 늑대 한 마리가 불쑥 왕자 앞에 나타났어요.

"왕자님, 무엇 때문에 그렇게 슬피 울고 있나요?"
셋째 왕자가 대답했어요.
"온 나라를 샅샅이 뒤졌지만 불새를 찾을 수가 없어."

“불새가 있는 곳이라면 내가 알아요. 내 등에 올라타세요. 불새가 있
는 곳으로 데려다 줄게요.”

황금 늑대는 왕자에게 등을 내밀었어요.

왕자가 등 위에 올라타자 황금 늑대는 눈 깜짝할 사이에 으리으리한
성까지 달려갔어요.

“이 성의 아흔아홉 번째 방에 가면 불새가 잠을 자고 있을 거예요.”

왕자는 황금 늑대가 알려 준 대로 으리으리한 성의 아흔아홉 번째 방
을 찾아갔어요.

그러자 세상에, 그 방 안에서 황금색 깃털을 가진 불새가 새근새근
잠을 자고 있지 뭐예요.

왕자는 조심스럽게 불새를 품에 안았어요.

그러자 놀란 불새가 ‘끼익! 끼익!’ 큰 소리로 울기 시작했어요.

그 소리를 들은 병사들이 우르르 달려왔어요.

“내 귀한 보물인 불새를 훔쳐 가려고 하다니!”

불새의 주인이 고래고래 소리쳤어요.

왕자는 불새를 안고 정신없이 뛰었어요.

그러자 황금 늑대가 나타나 말했지요.

"왕자님, 내가 불새로 변해 있을 테니 그 틈에 재빨리 도망치세요!"

황금 늑대가 훌쩍 재주를 넘자, 눈 깜짝할 사이에 이글이글 타오르는 듯 빨간 털을 가진 불새가 되었어요.

"고마워, 황금 늑대야!"

셋째 왕자는 그 틈에 재빨리 진짜 불새를 안고 성으로 돌아갔어요.

그러자 왕은 기뻐하며 셋째 왕자에게 나라를 물려주었지요.

참, 잘난 척하기 대장, 허풍 치기 대장인 두 형들은 어떻게 됐냐고요?

셋째 왕자를 보고 배가 아파서 데굴데굴 굴렀다나 뭐라나.

어려움에도 굴하지 않는 의지를 가진 아이로 자라렴

의지를 갖는다는 건 생각보다 힘들어.

사람은 힘든 일을 겪게 되면 쉽게 포기하고 싶어지고,

더 편한 방법을 찾고 싶어지게 마련이지.

하지만 강한 의지를 갖고 꾸준히 한길을 가다 보면

반드시 빛이 보이고, 결과가 나타나게 되어 있단다.

의지를 갖고 노력하다 보면 사람은 놀라운 능력을 발휘하게 돼.

그 능력의 열매는 아주 달고 값진 것이란다.

엄만 네가 비록 작은 일이라 해도 의지를 갖고 노력해서

하나씩 성취해 나가는 기쁨을 맛보았으면 해.

또한 어떤 어려움과 위기 앞에서도 굴하지 않는

강한 의지력을 가진 아이로 자랐으면 해.

공주와
결혼하려거든

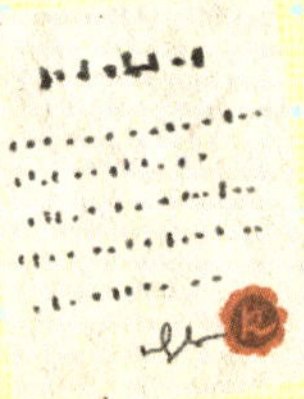

편견을 갖고 있으면 아무리 빛나고 재주 있는 사람을 만나도
그 사람의 참된 모습을 알아볼 수 없단다.
아가야, 엄만 네가 사람을 존중할 줄 알고 가치를 인정할 줄 알고,
가능성을 볼 줄 아는 아이로 자랐으면 좋겠어.

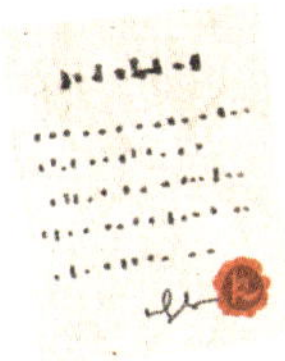

어느 나라에 가난한 농부 부부가 살고 있었습니다.

농부 부부에겐 잘생긴 아들이 한 명 있었는데, 그 모습이 얼마나 귀티 나고 멋진지 사람들은 그 아들을 볼 때마다 이렇게 말했습니다.

"저 애는 커서 공주하고 결혼할 거예요."

어느 날, 거리를 지나가던 왕이 그 말을 들었습니다.

왕은 버럭 화가 났습니다.

'흥, 감히 저따위 농부의 아들이 귀한 공주와 결혼한다고?'

왕은 농부 부부를 찾아가 이렇게 말했습니다.

"아들을 내게 맡기십시오. 그러면 훌륭하게 공부시켜 드리겠습니다."

농부 부부는 아들의 장래를 위해 고개를 끄덕였습니다.

왕은 농부의 아들을 몰래 상자 안에 넣어서 강물에 흘려보냈습니다.

상자는 강물을 타고 둥둥 흘러갔지요.

"크크, 이제 두 번 다시는 저렇게 가난한 농사꾼의 아들이 공주의 남편이 된다는 소문은 나지 않을 게다."

한편, 물레방앗간 주인은 물을 길러 나갔다가 둥둥 떠내려 오는 상자 하나를 발견하게 되었습니다.

"웬 상자지?"

물레방앗간 주인이 상자를 건져 뚜껑을 열어 보았더니, 세상에!

그 속에서 잘생긴 남자아이가 방실방실 웃고 있지 뭡니까.

"우리가 자식이 없는 것을 알고 하늘이 자식을 보내 주었나 보오."

물레방앗간 주인은 아이를 번쩍 안아들고 덩실덩실 춤을 추었지요.

그로부터 20년의 세월이 흘렀습니다.

왕은 우연히 길을 지나가다가 물레방앗간 앞에 멈춰 섰습니다.

거기에 너무나 잘생긴 청년이 일

을 하고 있었기 때문이지요.

"참 잘생겼지요? 저 아이는 하늘이 내려 준 복덩이랍니다."

"그게 무슨 뜻입니까?"

왕이 묻자 물레방앗간 주인은 20년 전의 일을 이야기했습니다.

왕은 깜짝 놀랐지만 겉으로 드러내지 않으려고 태연히 웃었습니다.

'저 녀석이 아직 살아 있다니, 안 되겠다!'

왕은 편지를 써 주며 물레방앗간 주인에게 이렇게 말했습니다.

"저 훌륭한 청년을 왕궁으로 보내시오. 이 편지를 갖고 가면 틀림없이 좋은 대접을 해 줄 겁니다."

'어리석은 것들, 사실 그 편지엔 저 녀석을 죽이라는 명령이 쓰여 있지. 하긴, 글도 모르는 너희들이 편지를 읽을 수 있을 리가 없지.'

왕은 속으로 크크크 웃음을 참았습니다.

이튿날, 청년은 왕의 편지를 들고 궁궐로 향했습니다.

그런데 길을 잘못 들었는지 숲 속에서 한참을 헤매다가 날이 저물고 말았습니다.

청년은 숲 속 어귀에 보이는 집으로 들어가 부탁했습니다.

"저는 궁으로 심부름을 가는 길인데 길을 잃고 말았습니다. 오늘 밤만 쉬어 가게 해 주세요."

그러자 꼬부랑 할머니가 나와서 소곤소곤 말했습니다.

"쉿, 우리 아들들은 모두 산적이란다. 궁으로 심부름을 가는 길이라면 필히 귀한 물건이 있을 테니 빼앗기기 싫거든 어서 다른 곳으로 가거라!"

청년이 얼른 도망치려 할 때였습니다.

할머니의 일곱 아들이 나타나 청년의 품에서 편지를 빼앗아 버렸습니다.

"이게 왕이 써 준 편지란 말이지? 어디 보자!"

산적들은 큰 소리로 편지를 읽기 시작했습니다.

"이 편지를 가지고 가는 젊은이가 궁에 도착하는 즉시 죽여 버려라."

"뭐? 세상에 청년을 죽여 버리라고!"

"뭔지 모르지만 골탕을 좀 먹여 줘야 할 것 같군!"

산적들은 왕의 편지를 고쳐 썼습니다.

'이 편지를 가지고 가는 젊은이가 궁에 도착하는 즉시 당장 공주와 결혼시켜라.'

며칠 후 청년이 궁전에 도착했습니다.

청년은 왕이 시킨 대로 편지를 왕비에게 내밀었지요.

"여봐라, 당장 결혼 준비를 하거라."

"갑자기 웬 결혼이에요?"

"나도 몰라. 폐하께서 시킨 대로 따라야지."

왕비는 부랴부랴 공주와 청년의 결혼을 준비하기 시작했습니다.

그로부터 며칠 후 왕이 궁전으로 돌아왔습니다.

그런데 눈앞에 놀라운 광경이 벌어져 있었지요.

글쎄, 죽이라고 명령한 청년이 공주와 결혼 준비를 하고 있었던 것입니다.

"폐하, 어쩜 그리 좋은 사윗감을 골라 오셨어요? 공주가 몹시 행복해해요!"

왕은 화가 치밀었습니다.

'감히 저따위 녀석이 내 사위가 되다니!'

"공주와 결혼하려거든 북쪽 동굴에 사는 마왕의 금빛 머리카락을 세 가닥

가져와야 한다."

북쪽 동굴에 사는 마왕은 사람을 잡아먹는 무시무시한 괴물이었습니다.

왕은 마왕이 청년을 죽이도록 만들려고 꾀를 낸 것입니다.

청년은 왕이 시킨 대로 북쪽 마왕을 찾아갔습니다.

얼마나 갔을까요?

북쪽으로 가는 거대한 문이 나타났습니다.

청년은 문지기에게 문을 열어 달라고 부탁했습니다.

그러자 문지기가 청년을 가로막으며 말했습니다.

"이 성안의 샘에 은빛 물이 솟았는데 지금은 말라 있습니다. 왜 그런지 이유를 알아내 주세요."

"그럼, 마왕의 머리카락을 구해서 돌아올 때 꼭 그 이유도 알아내 오겠습니다."

문지기는 고개를 끄덕이며 문을 열어 주었습니다.

청년이 큰 산을 넘게 되었습니다.

이번에는 산지기가 청년의 앞을 막아섰습니다.

"이 산에는 황금 열매가 열리는 사과나무가 있는데 지금은 열매가 열리지 않습니다. 왜 그런지 이유를 알아내 주세요."

"그럼, 마왕의 머리카락을 구해서 돌아올 때 꼭 그 이유도 알아내 오겠습니다."

산지기는 고개를 끄덕이며 산을 지나갈 수 있도록 해 주었습니다.

또 얼마나 걸었을까?

청년이 이번에는 깊고 넓은 강 앞에 멈추어 섰습니다.

강 앞에는 배가 한 척 있었지요.

"난 일하기 싫어 죽겠소. 그런데 누구도 사공 일을 대신하려고 하지 않소. 이 일을 어쩌면 좋겠소?"

"내가 마왕의 머리카락을 구해서 올 때 그 궁금증에 대한 답도 알려 주겠소."

그러자 뱃사공은 청년을 배에 태워 강을 건네주었어요.

그날 밤, 청년은 마왕이 사는 북쪽 동굴에 도착했어요.

동굴 안으로 슬금슬금 들어간 청년은 어디선가 목소리가 흘러나오는 것을 듣게 되었어요.

그 소리는 북쪽 마왕이 엄마의 무릎을 베고 누운 채로 새치를 뽑으며 주고받는 이야기였어요.

"어느 곳에 은빛 샘물이 나왔는데 지금은 나오지 않는단다. 왜 그렇지?"

"그거야. 나무 밑에 두꺼비가 들어 있어서 그렇지."

"맞았다. 그럼 하나 뽑고."

"황금 열매가 열린 사과나무가 열매를 맺지 못하는 건 왜일까?"

"쥐가 뿌리를 갉아 먹어서 그렇지."

"맞았다, 그럼, 하나 뽑고."

"강의 뱃사공은 언제 바뀌지?"

"빨간 옷을 입은 사람이 오면 바뀌지."

"좋아, 그럼 하나 뽑고."

청년은 마왕의 엄마가 머리카락을 어디다 놓아두는지 유심히 보았다가 얼른 그것을 들고 나왔습니다.

부리나케 도망친 청년은 뱃사공과 산지기, 문지기에게 자기가 들은 이야기를 대신 들려주었지요.

궁전으로 돌아온 청년은 왕에게 머리카락을 세 개 내밀었습니다.

"네, 네가 어떻게 살아 돌아왔느냐!"

놀란 왕은 입을 쩍 벌리며 소리쳤지요.

그러자 청년은 이렇게 말했습니다.

"마왕이 그러는데, 빨간 옷을 입고 북쪽 마왕의 동굴로 가다 보면 엄청난 보물을 얻게 될 거랍니다. 폐하."

그 말에 솔깃해진 왕은 빨간 옷을 입고 부랴부랴 북쪽을 향했습니다.

그 후에 왕이 어떻게 되었을지는 모두 짐작하겠지요?

그렇습니다.

왕은 사공에게 붙들려 꼼짝없이 배를 몰아야만 했지요.

그리고 청년은 공주와 결혼해서 행복하게 잘 살았답니다.

편견 없이 네 안의 무한한 가능성과 잠재력을 믿으렴

핑크색 안경을 쓰면 세상은 온통 핑크색으로 보일 거야.

꽃도, 나무도, 사람도, 저 하늘도 모두 핑크색이겠지.

엄만, 그런 안경을 편견이라고 생각한단다.

세상에는 자기만의 안경을 쓰고 평생을 살아가는 사람들이 있어.

문제는, 자신이 그런 안경을 쓰고 있는 줄 모른다는 거야.

편견을 갖고 있으면 아무리 빛나고 재주 있는 사람을 만나도

그 사람의 참된 모습을 알아볼 수 없단다.

편견을 갖고 가능성과 잠재력을 받아들이지 않으면

세상을 잘못된 눈으로 바라볼 수밖에 없어.

아가야, 엄만 네가 사람을 존중할 줄 알고 가치를 인정할 줄 알고,

가능성을 볼 줄 아는 아이로 자랐으면 좋겠어.

세상에서
가장 힘센
사자

상대를 함부로 얕보거나 깔보는 대신에
그 사람의 장점을 찾아 주고, 칭찬해 주어야만 해.
너 자신을 아끼고 소중하게 생각하듯
남을 존중할 수 있다면
넌 누구에게든 인정받는 사람이 될 거야.

아프리카 들판은 넓어서 끝이 보이지 않을 정도야.

먼 곳에서 바라보면 들판이 마치 하늘과 맞닿아 있는 것만 같지.

바람이 불어오면 들판의 풀이 쏴아~쏴아 소리를 내며 흔들려.

그러면 마치 파도치는 것처럼 풀 물결이 출렁출렁.

상상해 보렴.

얼마나 웅장하고 아름다운 풍경일지.

들판 가운데에는 얼룩말 떼가 풀을 뜯고 있고, 멀리 물웅덩이가 보이는 곳에선 하마들이 진흙 목욕을 즐겨.

그리고 그늘이 드리운 시원한 곳엔 동물의 왕인 사자가 있지.

사자는 커다란 입을 쩍 벌리고선 "어흥!" 하고 소리쳐.

그러면 고함에 놀라 산도 와르르 흔들리고, 강물도 넘실넘실 출렁이고, 땅도 우르르 흔들리는 것만 같지.

사자는 날마다 득의양양하게 소리쳤단다.

"어흥! 나를 이길 동물은 없어. 난 세상에서 가장 힘센 동물이라네. 난 세상에서 가장 무서운 동물이라네!"

그러던 어느 날의 일이야.

하루는 사자가 들판을 어슬렁거리다가 토끼 한 마리를 보았어.

사자는 재미삼아 토끼를 쫓아갔지.

겁에 질린 토끼는 몸을 벌벌 떨며 애원했어.

"살려 주세요, 사자님!"

"흥, 내가 왜 널 살려 줘야 하는데?"

"사자님처럼 커다란 분이 저처럼 약하고 작은 동물을 잡아먹어 봤자 간에 기별도 안

갈 거예요."

"그건 그렇지."

하지만 사자는 토끼를 놓아주지 않았어.

대신 날카로운 이빨을 번뜩이며 으르렁 으르렁!

잔뜩 겁먹은 토끼를 놀려대며 말했지.

"토끼야, 넌 나처럼 힘이 세고 용감한 동물의 왕에게 잡아먹히는 걸 영광으로 알아야 해."

사자의 말에 토끼는 한 가지 꾀를 냈어.

"사자님, 당신은 더 이상 제일 강한 동물이 아니에요."

"뭐라고?"

사자가 두 눈을 휘둥그레 떴어.

"당신보다 더 힘세고, 무섭고, 바람처럼 빠르고, 바위처럼 단단한 동물이 있답니다. 그 동물이야말로 가장 강한 동물이지요."

사자는 자기보다 더 강한 동물이 있다는 소리에 약이 바짝 올랐어.

"그 동물이 얼마나 센데?"

"그 동물은 커다란 바위에 머리를 부딪혀도 끄떡없지요."

토끼의 말에 사자는 자기 머리를 커다란 바위에 툭 부딪쳤어.

얼마나 세게 부딪쳤는지 피가 날 정도였지.

"어떠냐, 내가 더 세지?"

토끼는 고개를 끄덕이며 대답했어.

"네, 확실히 사자님이 더 단단한 몸을 가지셨나 봐요.

하지만 그 동물은 바람처럼 빠르죠.

높은 바위도 단번에 뛰어넘고 가시덤불도 아무렇지 않게 지나가고
눈 깜짝할 사이에 산 한 바퀴를 돌걸요."

그 말에 사자도 높은 바위를 휙 뛰어넘고, 가시덤불을 거침없이 헤치
고 지나갔어.

그리고 있는 힘껏 산을 한 바퀴 돌았어.

"어떠냐, 내가 더 빠르지?"

사자는 헉헉거리며 토끼에게 물었어.

조바심이 난 사자의 몸에는 상처가 여러 개 나 있었어.

"아, 그리고 그 동물은 연못 물을 한 번에 다 마셔 버릴 정도로 식욕
도 대단하답니다!"

“흥, 그까짓 거야 나도 할 수 있어.”

사자는 연못으로 가서 물을 벌컥벌컥 마시기 시작했어.

배가 터질 정도로 물을 마시고 있을 때였어.

연못 속에서 무섭게 생긴 동물 한 마리가 나타났지 뭐야.

그 동물이 이빨을 드러내고 으르렁거렸지.

사자도 질세라 으르렁, 으르렁!

화가 머리끝까지 치민 사자는 연못 속 동물의 목덜미를 물려고 물속
으로 풍덩 뛰어들었어.

그런데 이게 웬일이야.

방금 전까지 물속에서 자기를 향해 으르렁거리던 동물은 온데간데 없고 차가운 물이 자꾸 턱밑으로 차오르지 뭐야.

맞아, 사자가 본 건 바로 물을 먹고 있는 자기 모습이었어.

그런데 어리석게도 그걸 다른 동물인 줄 알고 노려보았던 거지.

"어푸, 어푸! 사자 살려!"

머리는 아프고, 온몸에 기운이 빠진 데다가 물을 먹어서 배가 빵빵해진 사자는 쉽게 물 밖으로 나올 수가 없었어.

사자는 살려 달라고 허우적거리며 소리쳤지.

그 모습을 본 토끼가 사자 앞을 깡충거리며 지나갔어.

"토끼야, 나 좀 살려 다오!"

"사자님, 세상에서 가장 힘세고, 무서운 사자님을 저처럼 작고 약한 토끼가 무슨 수로 구하겠어요?"

그래, 사자는 기운 세고 무시무시한 동물이긴 하지.

하지만 다른 동물을 배려할 줄 모르고, 약하다고 무시하기만 하며 기고만장했던 거야.

그러니 비록 약하지만 꾀 많고 지혜로운 토끼에게 혼쭐이 난 거지.

약자도 존중할 줄 아는 사람이 되렴

사람들은 자기도 모르게

자신보다 잘나고 힘세고 대단한 사람을 존중하고,

작고 약한 사람을 깔보는 경향이 있어.

하지만 누구에게나 장점은 있단다.

다른 사람을 존중할 줄 아는 아이로 자라렴.

상대를 함부로 얕보거나 깔보는 대신에

그 사람의 장점을 찾아 주고, 칭찬해 주어야만 해.

몸집이 작은 아이에게도, 공부를 잘하지 못하는 아이에게도

자신만의 장기가 있으니까.

아가야, 너 자신을 아끼고 소중하게 생각하듯

남을 존중할 수 있다면 넌 누구에게든 인정받는 사람이 될 거야.

북쪽 여왕과의 약속

말은 물과 같아서 한번 내뱉으면 주워 담을 수가 없어.
그런데도 사람들은 쉽게 말을 내뱉고,
버릇처럼 못된 말을 해 버리곤 하지.
그러니 말은 항상 신중하게 해야 한단다.

따뜻한 남쪽 나라에 농부가 살았습니다.

농부는 몹시 가난했습니다.

여름 내내 땡볕에서 힘들게 농사를 지어도 빚을 갚고 나면 남는 것이 없었습니다.

겨울이 되면 농부와 아내는 주린 배를 움켜쥐고 배고픔을 참아야만 했습니다.

그래서 농부는 입만 열었다 하면 불평을 늘어놓았습니다.

"나는 참 불행해. 온종일 일해도 얻는 게 하나도 없어.

더 이상 살고 싶지 않아."

이듬해 봄, 농부는 예쁜 딸을 얻었습니다.

하지만 농부의 얼굴엔 웃음 대신 한숨이 가득했습니다.

"이 아이를 어떻게 키운담…… . 무시무시한 마녀인 북쪽 여왕이라도 좋으니 누구든 이 아이를 데려가 버렸으면 좋겠어."

"여보, 무슨 말을 그렇게 해요?"

아내가 서운하게 쳐다보며 말해도 농부는 입을 꾹 다문 채 한숨만 내쉬었습니다.

또다시 겨울이 왔습니다.

농부의 불평은 더욱 심해졌습니다.

"나는 불행해. 아내는 아이를 돌보느라 나를 도울 수도 없어. 온종일 추위에 덜덜 떨며 일하지만 먹을 것조차 구할 수 없다니. 나는 더 이상 살고 싶지 않아."

그때 농부 앞에 검은 옷을 입은 여인이 나타났습니다.

그 여인은 금화가 잔뜩 든 주머니를 내밀며 말했습니다.

"내가 7년 후에 당신의 것 가운데 하나를 가져가겠어요. 이건 미리 치르는 값입니다."

농부는 눈이 휘둥그레졌습니다.

그만한 돈이면 마음껏 먹고, 마시고, 배불리 지낼 수 있을 테니까요.

금화가 든 주머니를 들고 집으로 돌아온 농부는 아내에게 자랑을 늘어놓았습니다.

이제 더 이상 굶주리지 않아도 된다며 딸아이를 안아 주기도 했지요.

농부는 사랑스러운 아내와 딸을 껴안고 기뻐했습니다.

"어쩌면 이게 다 우리 딸 덕인지도 몰라! 이 아이가 행운을 가져다준 걸지도!"

그날 이후, 농부는 떵떵거리는 부자가 되었습니다.

날마다 딸아이의 재롱을 보며 행복해했지요.

어느덧 7년이란 세월이 흘렀습니다.

농부의 집 앞으로 누군가가 찾아왔습니다.

7년 전에 마주쳤던 그 검은 옷의 여인

이었습니다.

"이제 당신이 가진 것 가운데 하나를 가져가

야겠습니다."

"예, 예, 무얼 드릴까요?"

"당신 딸을 주세요."

농부는 놀라서 입을 쩍 벌렸습니다.

"이 아이만큼은 안 됩니다. 차라리 저를 데려가 주세요."

"한 번 내뱉은 말은 주워 담을 수 없습니다."

여인은 농부의 딸을 데리고 어디론가 사라져 버렸습니다.

여인이 농부의 딸을 데리고 간 곳은 어느 으슥한 성이었습니다.

"이제부터 넌 여기서 사는 거야. 이 성의 어디든 돌아다녀도 좋다. 대신에 이 성에서 지내는 동안에는 절대 말을 해서는 안 된다. 만약 네가 말을 하면 그것이 화살이 되어 네가 사랑하는 사람의 가슴에 박히게 될 것이다."

"네……."

농부의 딸은 기어들어가는 목소리로 대답했습니다.

"좋아, 나는 7년 뒤에 돌아오마."

성에는 먹을 게 충분했습니다.

책도 가득했고, 옷도 잔뜩 쌓여 있었습니다.

귀를 기울이면 어디선가 아름다운 음악 소리가 흘러나왔지요.

농부의 딸은 날마다 엄마 아빠를 그리워하며 하루하루를 버텼습니다.

그렇게 7년이 지났습니다.

7년째 되는 날 밤, 거짓말처럼 검은 옷의 여인이 나타났습니다.

검은 옷의 여인은 농부의 딸에게 물었습니다.

"말을 한 마디라도 했느냐?"

농부의 딸은 대답하는 대신에 고개를 가로저었습니다.

"좋아, 그럼 난 다시 7년 뒤에 돌아오마. 약속해라. 이 성에서 지내는 동안에는 절대 말을 해서는 안 된다. 만약 네가 말을 하면 그것이 화살이 되어 네가 사랑하는 사람의 가슴에 박히게 될 것이다."

농부의 딸은 고개를 끄덕였습니다.

그러자 여인이 또다시 연기처럼 사라졌습니다.

세월이 흘러 어느덧 7년째 되는 해가 되었습니다.

농부의 딸은 어엿하게 자라서 아름다운 아가씨가 되었습니다.

남과 다른 점이 있다면 입을 한 번도 열지 않았다는 것이었지요.

그런데 성 주변을 기웃거리던 사람들이 우연히

농부의 딸을 보게 되었습니다.

"저 성에 아름다운 여인이 살고 있어."

"누굴까?"

"혹시 마녀가 아닐까?"

사람들은 농부의 딸에게 무얼 하는 사람이냐고 물었습니다.

하지만 딸은 끝까지 아무 말도 하지 않았습니다.

"이런 곳에 혼자 살다니, 마녀가 틀림없어!"

사람들은 농부의 딸이 마녀일 거라고 생각하고 화형시켜야 한다고 소리쳤습니다.

"누군지만 말해라. 그러면 널 살려 줄 수도 있어."

하지만 농부의 딸은 끝까지 입을 열지 않았습니다.

마침내 농부의 딸이 죽임을 당하는 날이 되었습니다.

사람들은 농부의 딸을 나무 기둥에 묶어 놓고 불을 피울 준비를 했습니다.

농부의 딸은 눈은 감은 채 기운 없이 서 있었습니다.

"이제 마지막으로 할 말은 없느냐."

사람들이 물었습니다.

농부의 딸은 입을 벙긋거리려다가 이내 꾹 다물었습니다.
"저 마녀를 화형하라!"

사람들이 나무 기둥에 불을 피우려 할 때였습니다.
갑자기 거센 바람이 불더니 검은 옷을 입은 여인이 나타났습니다.
"약속을 잘 지켰구나. 나는 북쪽 나라의 여왕이란다. 내가 함부로 내뱉은 말 때문에 수없이 많은 백성들이 저주를 받고 말았지. 나는 죽음 앞에서도 입을 열지 않는 강한 여인을 만나야만 저주를 풀 수 있었다."
북쪽 나라의 여왕은 농부의 딸을 풀어 주었습니다.
그리고 고맙다고 고개 숙여 인사했습니다.

신중하게 말하고 신뢰를 지킬 줄 알아야 한단다

이 세상에서 가장 날카로운 무기가 뭔 줄 아니?

쇠붙이로 만든 칼이 아니라 바로 사람의 혀로 만드는 '말'이란다.

말은 물과 같아서 한번 내뱉으면 주워 담을 수가 없어.

그런데도 사람들은 쉽게 말을 내뱉고,

버릇처럼 못된 말을 해 버리곤 하지.

그러다 보면 자기도 모르게 다른 사람의 마음에 상처를 주고,

큰일을 그르치는 경솔한 사람이 될 수도 있거든.

말을 신중하게 하려면 어떻게 해야 할까?

듣는 사람의 입장을 늘 생각해야 해.

그러면 한 번 더 생각할 수 있고, 판단도 잘 할 수 있단다.

엄만 우리 아가가 지혜롭고 신중하게 말의 가치를 깨달으리라 믿어.

악마와의 내기

욕심이 지나치면 지금까지 이룬 모든 것을 잃을 수도 있단다.
그러니 욕심이 나더라도 그걸 참을 줄 아는 마음을 가져야 해.
절제하는 마음, 자제력이야말로 너를 더 강하게 해 줄 거야.

어느 시골 마을에 한 젊은이가 살았습니다.

젊은이는 아침부터 밤까지 부지런히 일했습니다.

비가 오나, 눈이 오나, 바람이 부나, 천둥이 치나 상관없이 늘 정해진 만큼의 일을 마치고서야 집으로 돌아갔지요.

덕분에 젊은이의 논밭은 늘 풍요로웠습니다.

기름진 논에선 곡식이 알알이 영글었고, 밭에선 크고 알찬 채소가 쑥쑥 자랐지요.

사람들은 그런 젊은이를 입을 모아 칭찬했습니다.

"참 부지런한 친구야."

"맞아, 악마도 저 친구를 꼬드기진 못할 거야."

그 말을 들은 악마는 바짝 약이 올랐습니다.

"내 꼬임에도 안 넘어 갈 거라고? 흥, 누가 이기는지 어디 한번 겨뤄 볼까?"

악마는 젊은이 앞에 나타나 작은 상자 열 개를 내밀었습니다.

그리고 아주 달콤한 목소리로 이렇게 말했습니다.

"이 상자 가운데 아홉 개에는 반짝이는 황금이 들어 있고, 딱 한 개에만 돌멩이가 들어 있답니다. 만일 당신이 황금이 든 상자를 고른다면 그걸 전부 다 드리겠어요."

"만약 내가 돌멩이가 든 상자를 고르면?"

"당신이 가진 걸 모두 내게 주세요."

젊은이는 한참 고민했습니다.

'열 개 중에 돌멩이가 든 상자는 딱 하나뿐이란 거지? 그럼 내게 더 유리한 거잖아.'

마침내 젊은이는 상자 하나를 골랐습니다.

"내가 졌습니다!"

악마가 고개를 숙였습니다.

젊은이가 고른 건 번쩍이는 황금이 가득 든 상자였던 겁니다.

악마는 젊은이에게 황금을 내어 주었습니다.

"약속대로 이 황금을 드리지요. 그리고 언제라도 황금이 필요하면 저를 찾아오세요. 내기에서 이길 때마다 상자 속에 든 황금을 드리겠습니다."

엄청나게 많은 황금이 생기자 젊은이는 일을 하지 않았습니다.

온종일 뒹굴뒹굴 먹고, 마시고, 놀기만 했습니다.

젊은이는 돈도 펑펑 썼습니다.

황금이라면 얼마든지 많으니까 걱정할 필요가 없

다고 생각했던 거지요.

시간이 지나면서, 젊은이는 수북하던 황금을 몽땅 써 버리고 말았습니다.

젊은이는 빈털터리가 되었지요.

'맞아, 그때 악마가 다시 내기를 하고 싶으면 자길 찾으랬지?'

젊은이는 악마를 찾아가 또 한 번 내기를 했습니다.

아홉 개의 상자 가운데에서 또 하나를 골랐더니 이번에도 황금이 든 상자였습니다.

"야호, 이번에도 내가 이겼어!"

젊은이는 또 돈을 흥청망청 썼습니다.

돈이 떨어지면 또 악마를 찾아가고, 또 찾아가고, 또 찾아가고……

그러다 보니 결국 상자 두 개만 남고 말았습니다.

"이제 상자가 두 개밖에 안 남았잖아. 어쩌지?"

젊은이는 망설이다가 손을 뻗었습니다.

상자 뚜껑을 열자 눈이 부시게 번쩍이는 황금이 보였습니다.

"야호! 끝까지 내가 이겼어!"

그러자 악마가 웃으며 말했습니다.

"이봐, 이긴 건 자네가 아니라 바로 나야, 나! 봐, 자네가 가진 건 이제 아무것도 없잖아."

그 말을 들은 젊은이는 자기 주변을 돌아보았습니다.

정말 젊은이의 주변에 남은 것은 아무것도 없었습니다.

그동안 정성스레 가꾸었던 논도, 밭도 엉망이 되었고, 젊은이를 부지런하다며 칭찬해 주던 사람들도 모두 떠났지요. 젊은이에게 남은 건 아무것도 없었습니다.

"욕심이 모든 걸 망쳤구나."

젊은이가 땅을 치며 후회했지만 이미 악마는 어디론가 사라져 버린 후였습니다.

2
7
3

천국은 절제할 줄 아는 사람들이 모인 곳일 거야

아가야, 천국은 어떤 모습일까?

엄마는 절제할 줄 아는 사람들이 모여 사는 곳일 것 같아.

사람이 행복하게 살려면 절제라는 게 꼭 필요하거든.

절제는 자기 스스로 몸과 마음을 조절하는 지혜야.

절제를 하지 않으면 몸은 망가지고, 마음은 더러워져.

욕심을 절제하지 못하면, 다른 사람의 물건을 탐내고, 거짓말을 하게 돼.

사람의 욕심은 어마어마한 거란다.

이야기의 주인공처럼 욕심이 지나치면

지금까지 이룬 모든 것을 잃을 수도 있단다.

그러니 욕심이 나더라도 그걸 참을 줄 아는 마음을 가져야 해.

절제하는 마음, 자제력이 사람을 더 강하게 만들어 준단다.

거미가 된
아라크네

벼는 익을수록 고개를 숙인다는 말이 있듯이
바른 인성을 갖춘 사람은 함부로 자신을 뽐내고 자랑하기보다는
늘 다른 사람의 장점을 먼저 찾고, 그것을 높이 칭찬한단다.
겸손하게 자신이 맡은 일을 실천하는 사람은
언제고 그 가치를 인정받게 되는 법이란다.

옛날 리디아라는 나라에 아라크네라는 여자가 살았어.

아라크네는 옷감을 짜고 바느질하는 솜씨가 매우 뛰어났어.

마치 거미줄처럼 실을 가늘게 뽑아서 비단보다 더 부드러운 옷감을 만들어 내는 거야.

그 재주가 얼마나 뛰어났는지 온 나라 사람들이 감탄할 정도였지.

"와, 옷감을 만드는 저 손놀림 좀 봐!"

"정말 잘 만든다!"

사람들은 아라크네의 솜씨를 입을 모아 칭찬했어.

아라크네는 어깨가 우쭐해졌지.

"그래, 내가 최고야.

세상 어떤 사람하고 겨뤄도 베 짜는 것만큼은 내가 최고야."
아라크네는 뽐을 내고 잘난 척했어.

아라크네에 대한 소문은 방방곡곡으로 퍼져 나갔어.
아라크네가 만든 옷감을 구하려고 멀리서 배를 타고 오는 이웃나라 장사꾼까지 생겨났어.
그래서 아라크네의 콧대는 날이 갈수록 높아졌어.
"정말 대단해요!"
사람들이 칭찬하자 아라크네는 고개를 꼿꼿이 치켜들고 말했지.
"흥, 사람뿐 아니라 신과 겨뤄도 얼마든지 이길 수 있어. 지혜의 신 아테나도 내 솜씨는 따라잡지 못할걸?"

그러던 어느 날이었어.
아라크네가 사는 궁전으로 머리가 하얀 할머니가 찾아왔어.
할머니는 아라크네가 만든 옷감을 보고 싶다고 말했어.
"아가씨, 난 아가씨가 만든 옷감을 보려고 아주 멀리서 찾아왔어요. 옷감을 볼 수 있을까요?"
"그럼요."

아라크네는 자신의 실력을 뽐내며 옷감을 보여
주었지.

쉿, 이건 비밀인데 사실 그 할머니는 지혜
의 신 아테나 여신이 변장을 한 것이었어.
아라크네의 소문을 들은 아테나 여신이
직접 솜씨를 보러 온 거야.

아라크네는 자기가 만든 옷감을 내밀며 으스댔어.
"어때요, 정말 아름답지 않아요? 아마 아테나 여신님이 만든 옷감보
다 내가 만든 게 훨씬 더 예쁠 거예요."
아라크네의 우쭐거리는 모습을 본 아테나는 인자하게 타일렀어.
"쉿, 벼는 익을수록 고개를 숙인다잖아요. 당신의 뛰어난 솜씨를 굳
이 자랑하지 않아도 돼요."
하지만 아라크네는 조금도 뉘우치지 않고 버릇없이 대꾸했어.
"흥, 내가 내 솜씨를 뽐내는 게 뭐가 잘못인가요?"
"쉿, 겸손보다 값진 능력은 없다고 하잖아요. 당신의 뛰어난 솜씨를
굳이 자랑하지 않아도 돼요."

아테나가 또다시 말했지만 아라크네는 고개를 숙이지 않았어.

오히려 고개를 꼿꼿하게 치켜든 채 더 크고 당당하게 말했지.

"뭐가 어때서. 내가 옷감을 잘 만드는 건 제우스 신도 아는 사실이죠. 지금 당장 아테나 여신과 겨뤄도 난 지지 않을 자신이 있어요."

아라크네의 대답을 들은 아테나는 호되게 아라크네를 나무랐어.

"아라크네 아가씨, 당신은 매우 훌륭한 솜씨를 가졌지만 그건 사람들과 비교해서 훌륭한 것이에요. 그 재주를 감히 신과 비교할 수는 없는 것이랍니다. 신은 인간보다 훨씬 높은 존재니까요."

하지만 아라크네는 들은 척도 하지 않았어.

도리어 코웃음을 치며 말했지.

"흥, 아테나 님이 만든 것이나 내 것이나 다를 게 뭐예요? 오히려 내 것이 훨씬 훌륭할걸요."

"어허, 어서 아테나 님에게 용서를 구하세요."

"흥, 늙은이가 나이를 먹더니 겁만 늘었군. 만약 아테나가 화가 났다면 진작 날 찾아왔을 거예요. 아테나가 날 찾아오지 못하는 이유는 내가 자기보다 훨씬 더 옷감을 잘 만들기 때문이지요."

아테나는 더 이상 참을 수가 없었어.

아테나는 무서운 목소리로 소리쳤어.

"좋다, 어디 네 실력을 한번 뽐내 보거라."

아테나는 쭈글쭈글한 할머니의 모습을 벗고 아름다운 여신의 모습을 드러냈어.

이 광경을 본 사람들은 서둘러 아테나를 향해 큰절을 올렸지.

"아이고, 여, 여신님. 몰라봐서 죄송합니다."

"용서하세요!"

하지만 아라크네만은 꼿꼿이 선 채 아테나를 바라보았어.

아테나는 아라크네의 버릇없는 행동에 눈살을 찌푸렸어.

그때 아라크네가 당돌하게 외쳤어.

"좋아요, 누가 더 옷감을 잘 짜는지 내기하죠."

"그 도전을 기꺼이 받아들이마."

사람들은 자기도 모르게 침을 꿀꺽 삼켰어.

신과 인간의 대결이라니! 얼마나 흥미진진하겠어?

이윽고 아테나와 아라크네의 옷감 짜기 시합이 시작되었어.

아테나는 베틀에 앉자마자 옷감을 짜기 시작했지.

온갖 색깔의 실이 마치 도화지에 그림을 그리듯 이어졌어.

사람들의 입에서는 연방 '와' 하는 감탄이 흘러나왔지.

하지만 아라크네는 눈을 치켜뜬 채 고개를 획 돌렸어.

"흥, 고작 저까짓 옷감을 만들어 놓고 잘난 체는."

아라크네의 차례가 됐어.

아라크네는 아테나보다 더 멋지고 아름다운 옷감을 만들려고 타닥타닥 베틀을 움직이기 시작했어.

그런데 이게 어찌 된 영문인지 베틀이 마음대로 움직이지 않는 거야.

초조해진 아라크네는 손톱을 잘근 깨물었어.

"가엾은 인간아. 너에게 반성할 수 있는 기회를 주었는데도 잘못을 뉘우치지 않는구나. 너는 평생 거미로 살면서 실을 뽑고 그물이나 짜거라."

아테나의 말이 끝나기 무섭게 아라크네는 한 마리 거미로 변해 버리고 말았어.

아테나의 저주 때문에 모습이 변한 아라크네는 아직까지도 실에 매달려 그물을 짜고 있어.

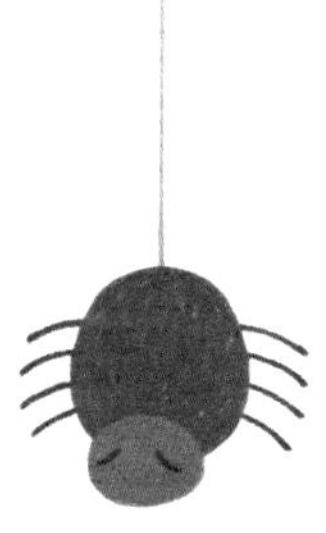

자신을 낮추는 사람이 결국 더 높이 올라간단다

사람은 언제, 어디서든 자신을 낮출 줄 알고 겸손할 줄 알아야 해.

자신만 생각하고, 뽐내고, 으스대는 것은

아주 위험한 행동이란다.

교만한 행동은 다른 사람들로 하여금 신뢰를 갖지 못하게 하거든.

벼는 익을수록 고개를 숙인다는 말이 있듯이

바른 인성을 갖춘 사람은 자신을 뽐내고 자랑하기보다는

늘 다른 사람의 장점을 먼저 찾고, 그것을 높이 칭찬한단다.

그러다가 다른 사람이 장점을 알아봐 주지 않으면 어떡하나

걱정이 될 수도 있을 거야.

하지만 아가야, 겸손하게 자신이 맡은 일을 실천하는 사람은

언제고 그 가치를 인정받게 되는 법이란다.

Dear baby

여우의
거짓말

아마 이 세상에서 단 한 번도 거짓말을 하지 않은 사람은 없을걸?
하지만 이것만은 명심해야 해.
한번 시작된 거짓말은 눈덩이처럼 불어나서
진실마저 집어삼킬 수도 있다는 사실 말이야.
그러니 항상 정직하려고 노력하자.
거짓말보다 더 힘이 센 건 진실함이란다.

여우 한 마리가 어슬렁어슬렁.

먹을 것을 찾아 마을 주변을 돌아다니고 있었지.

그런데 아뿔싸, 이게 웬일이야!

여우가 그만 사람들이 쳐 놓은 덫에 걸리고 말았지 뭐야.

여우는 덫에서 벗어나려고 발버둥치다가 꼬리가 잘리고 말았어.

여우는 탐스럽고 긴 꼬리를 자랑으로 여겼어.

그런 꼬리가 댕강 잘리다니.

여우는 부끄러워 견딜 수가 없었지.

'아, 다른 동물들이 내 꼬리를 보면서 비웃겠지? 이제 난 어떡하면 좋아!'

아니나 다를까, 숲으로 돌아가자 다른 동물들이 여우의 꼬리를 보고
는 고개를 갸우뚱.
"여우야, 꼬리가 없어졌어."
"네가 자랑하던 그 꼬리는 어디로 사라진 거야?"
여우는 차마 덫에 걸려서 꼬리가 잘리고 말았다고 할 수는 없었어.

그래서 대신 뻔뻔하게 이런 말을 했지.
"꼬리가 너무 거추장스러워서 잘라 버렸어."
"꼬리를 잘랐다고?"
"그래, 진작 꼬리를 자를걸! 이렇게 편하고
좋은 건 줄도 모르고 그동안 무겁고 치렁치렁
하게 꼬리를 달고 살았지 뭐야."
여우는 거짓말을 술술 했지.

"애들아, 내가 너희에게 아주 중요한
정보를 알려 줄게. 꼬리가 없으면 기운
도 더 세지고 빨라져. 생각해 봐. 우리가
먹은 음식의 에너지가 꼬리까지 움직여

야 하잖아. 그러니 꼬리가 없으면 기운이 더
세질 수밖에! 그리고 무거운 꼬리를 달고
다니면 당연히 속도도 느려질 테고."

여우의 그럴싸한 말에 다른 동물들이 고
개를 끄덕였어.
"아, 그렇구나. 꼬리가 없는 게 더 편하겠
구나."
"가만 보니 꼬리 없는 여우의 모습도 꽤
멋져 보이는 것 같아."

여우는 옳다구나 하고 말을 계속 이었어.
"그래서 말인데 얘들아, 너희도 이참에 꼬리를 모두 잘라 버리는 게
어떻겠니?"
"어떻게?"
"덫을 이용하면 아주 쉽게 꼬리를 자를 수 있단다."
그러자 다른 동물들이 고개를 끄덕였어.
여우는 속으로 히히히 하고 웃었지.

'이제 나만 꼬리 없는 짐승으로 살 필요가 없겠네.'

바로 그때였어.
늑대가 여우 앞을 가로막고 서서 소리쳤지.
"여우야, 난 왜 네 말이 거짓말처럼 느껴질까?"
"무, 무슨 소리야?"
"난 네가 덫에 걸려서 낑낑대다가 꼬리가 잘리고 만 모습을 두 눈으
로 똑똑히 보았어."
늑대의 말을 들은 다른 동물들이 깜짝 놀라 말했어.
"그게 정말이야?"
"저런 못된 여우 같으니라고!"
"우릴 속이다니!"

여우는 도망치듯 자리를 피해 달아났지.
그날 이후 여우는 굴 속에 들어가서 꼼짝도 하지 않았어.
창피해서 차마 얼굴을 들고 다닐 수가 없었던 거야.

여우는 굴속에 틀어박혀 속으로 생각했지.

'아, 차라리 꼬리가 잘리고 말았다고 솔직하게 말할걸!'
하지만 거짓말을 후회해 봤자 때는 이미 늦어 버린걸.

거짓말보다 더 힘이 센 건 진실함이란다

어쩔 수 없이 거짓말을 해야 할 때가 있지.

다른 사람을 위해 억지로 하기 싫은 거짓말을 해야 하는 경우도 있고,

상황을 피하려고 엉겁결에 거짓말을 하게 될 수도 있어.

재미삼아 말을 지어내다 보니 거짓말을 하게 되는 경우도 있지.

이 세상에서 단 한 번도 거짓말을 하지 않은 사람은 아마 없을걸?

하지만 이것만은 명심해야 해.

한번 시작된 거짓말은 눈덩이처럼 불어나서

진실마저 집어삼킬 수도 있다는 사실 말이야.

그러니 항상 정직하려고 노력해야 해.

거짓말보다 더 힘이 센 건 진실함이란다.

진실은 자기 자신에 대한 완전한 의무란다.

뱀의
꼬리

아가야, 앞으로 세상을 살아가며
많은 것을 혼자 판단하고 결정해야 할 거야.
그 판단에 따른 결과에 후회하지 않고 실망하지 않으려면
무엇보다 신중하고 현명한 판단을 할 줄 알아야겠지?

꼬물꼬물 기다란 꼬리를 가진 뱀이 있었어요.

어느 날, 뱀의 꼬리가 투덜투덜 불만을 터트렸어요.

"난 왜 항상 네가 가자는 데로만 따라다녀야 해? 항상 네 뒤만 졸졸 따라다니는 건 불공평해."

머리가 대꾸했지요.

"꼬리야, 넌 앞도 볼 수 없고, 소리도 들을 수 없잖아. 그러니 내가 널 끌고 가는 게 당연하지. 내가 널 데리고 다니는 건 날 위해서가 아니라 널 위해서라고."

그러자 꼬리가 피식 웃었지요.

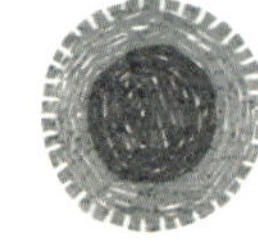

"그 말은 지겹게 들었어. 넌 항상 네가 편한 대로 행동하면서
마치 날 위한 일인 것처럼 그럴싸하게 말만 하지. 넌 날 생각한다
는 핑계로 멋대로 행동하고 있는 거야."

"흥, 그럼 네가 하고 싶은 대로 해 보든지."
화가 난 머리는 꼬리에게 모든 걸 맡기겠다고 했어요.
신이 난 꼬리는 그동안 가보고 싶었던 곳을 향해 갔어요.
하지만 얼마 못 가서 도랑에 빠지고 말았지요.
도랑을 볼 수 없으니 빠지는 게 당연했지요.

"휴, 까딱하면 큰일 날 뻔했네!"
꼬리는 끙끙거리며 도랑에서 기어 올라왔어요.
머리는 '휴우' 하고 한숨을 쉬었어요.

꼬리가 이번엔 들판을 향해 가기로 했어요.
들판엔 도랑 같은 게 없을 테니 안전할 거라고 생각했던 거예요.
꼬리는 쓱쓱 바닥을 기어갔어요.
그런데 가시투성이 덤불이 나오지 뭐예요.

“앗, 따가워! 앗, 따가워!”

꼬리는 가시덤불을 헤쳐 나오려고 애썼지만 어디로 나가야 할지 구분할 수가 없었어요.

“꼬리야, 왼쪽, 왼쪽으로 가!”

“싫어, 나한테 명령하지 마!”

가까스로 가시덤불에서 빠져나온 꼬리는 또 앞장서서 갔어요.

그러다가 이번엔 불구덩이 속으로 뛰어들고 말았지요.

“여긴 위험해, 뒤로 물러서!”

머리가 다급히 외쳤어요.

꼬리는 당장 뒤로 돌아가고 싶었지만 머리의 명령을 듣긴 싫었어요.

“싫어, 내 맘대로 할 테야.”

“안 돼!”

머리가 말렸지만 꼬리는 꿋꿋이 앞을 향해 갔어요.

불길이 이글이글 뱀을 덮쳐 왔어요.

꼬리는 비틀거리며 움직였지만 불 속에서 빠져나올 수가 없었어요.

결국 뱀은 어리석은 꼬리 때문에 불에 타 죽고 말았지요.

슬기로운 사람이 현명한 판단을 한단다

만약 뱀의 꼬리가 머리의 말을 들었다면 어땠을까?

어리석음은 현명함과는 전혀 다른 거란다.

어리석다는 것은 위험을 빨리 알아채지 못하고,

득이 될 것과 실이 될 것을 구분하지 못한다는 거야.

어리석음은 제대로 배우지 못하고,

바른 기준을 갖지 못했을 때 생기는 거야.

슬기로운 사람이 되려면 현명하게 판단할 줄 알아야 해.

아가야, 앞으로 세상을 살아가며 많은 것을 혼자 판단하고 결정해야 할 거야.

그 판단에 따른 결과를 후회하지 않고 실망하지 않으려면

무엇보다 신중하고 현명한 판단을 할 줄 알아야겠지?

한순간의 어리석음이 너의 인생을 좌지우지할 수 있다는 것을 명심하렴.

괴물의
울음소리

너 역시 세상에 궁금한 게 아주아주 많겠지?
네가 품는 호기심은
배움의 기초가 되고, 지식의 기본이 되고,
세상을 살아가는 지혜를 만드는 데 가장 필요한 재료가 되어 줄 거란다.
그러니 무엇이든 생각하고, 골똘히 고민해 보렴.

다름이는 방학을 맞아 할머니 댁에 놀러갔습니다.

할머니의 집은 아주 깊은 산골에 있었습니다.

드문드문 집이 있는 조용한 곳이었지요.

할머니는 그곳에서 혼자 농사를 지으며 지내신답니다.

"할머니, 저 왔어요!"

할머니 댁에 오면 좋은 점이 있습니다.

할머니가 쪄 주시는 고구마랑 김치도 맛있고, 학원에 가지 않아도 되지요.

그리고 윗집에 사는 쌍둥이 형제 철이랑 민이랑 함께 놀러 다닐 수도 있지요.

다름이는 철이, 민이랑 함께 산을 쏘다니고, 개울에서 가재도 잡고,
수박 서리를 하기도 했습니다.

셋은 온종일 신나게 놀다가 캄캄한 밤이 돼서야 헤어졌지요.

구불구불한 산길을 돌아 할머니 댁으로 돌아갈 때의 일입니다.

국, 국, 구루루루욱!

갑자기 요란한 소리가 들려왔습니다.

다름이는 덜컥 겁을 먹고 멈추어 섰습니다.

다리가 후들거리고 팔이 떨렸습니다.

'이게 무슨 소리지?

혹시 산에 사는 괴물이 내는 소릴까요?

아니면 무서운 산짐승이 내는 소릴까요?

그것도 아니면 도깨비가 나타나서 다름이를 놀래키려고 하는 걸까요?

다름이는 무서워서 후다닥 집으로 뛰어갔습니다.

얼마 안 가 할머니 집 불빛이 보였습니다.

"할머니!"

다름이가 후다닥 뛰어들어오자, 할머니가 놀라서 물었습니다.

"얘가 왜 이래? 무슨 일이니?"

"할머니, 아까 국국 구루루루욱! 하고 이상한 소리가 들렸어요."

"그건 산 괴물의 울음소리란다."

"산 괴물이라고요?"

"그래, 산에 사는 괴물이 밤마다 그렇게 울지. 조심하렴, 산 괴물은 말 안 듣는 어린아이를 컥 잡아먹으니까."

다름이는 할머니의 말에 움찔하고 말았습니다.

'정말 그 울음소리가 산 괴물의 것일까?'

다름이는 밤새 뒤척이며 잠을 이루지 못했습니다.

이튿날, 다름이는 철이와 민이에게 산 괴물에 대해 물었습니다.
"너도 그 울음소릴 들었구나?"
"우리 아빠가 그러는데 산 괴물은 아주 무시무시하고 힘이 세대."
철이와 민이도 산 괴물의 울음소리에 대해 잘 알고 있었습니다.
"너희들, 괴물을 직접 만나 본 적은 있어?"
"아니."
하지만 철이와 민이는 한 번도 괴물을 본 적이 없다고 했지요. 다름이는 산 괴물이 어떻게 생겼는지 보고 싶어졌습니다.

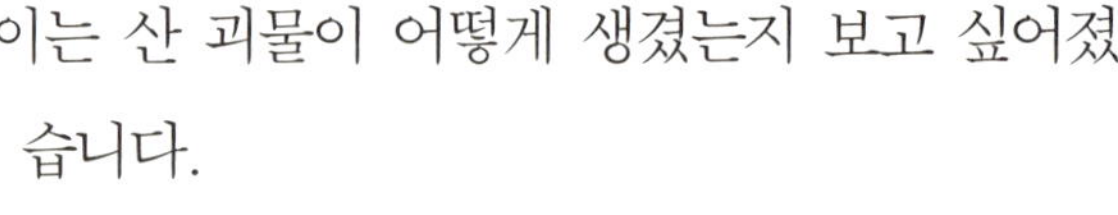

　철이와 민이에게 직접 확인하러 가 보자고 했지만 둘은 싫다며 고개만 가로저었지요.
　'내가 직접 확인해 봐야지!'

　그날 밤, 다름이는 풀숲으로 성큼성큼 걸어갔습니다.
　국, 국, 구루루루욱!

  무섭긴 했지만 괴물의 모습이 보고 싶어 견딜
수가 없었습니다.

  다름이는 주먹을 꼭 움켜쥐고 숲 속으로 들어
갔습니다.

  그렇게 얼마나 갔을까.

  다름이의 눈앞에 커다란 소나무 한 그루가 보였습
니다.

  소리는 그 나무 위에서 나는 듯했습니다.

  국, 국, 구루루루욱!

  다름이는 소나무 위를 가만히 올려다보았습니다.

  그러자 나무 꼭대기에 뭔가 움직이는 게 보였습니다.

  자세히 보니 그것은 꽁지를 길게 내 뺀 새였습니다.

  그 새가 온 산을 뒤흔들 듯 크고 굵은 소리로 국, 국, 구루루루욱! 하
고 우는 것이었지요.

  '저 녀석은 산비둘기잖아!'

  다름이는 나무를 툭 쳤습니다.

  그러자 놀란 산비둘기가 푸드득 하늘 높이 날아갔습니다.

이튿날, 다름이는 철이와 민이를 만났습니다.
"다름아, 산 괴물은 만났어?"
"만났지."
"어때? 정말 크고 무시무시하게 생겼어?"
철이와 민이가 동시에 물었습니다.
"음, 정말 크고 무시무시했어. 날개도 있더라고."
그 말에 겁을 먹은 철이와 민이가 와들와들.
다름이는 그 모습을 보고 속으로 픽 웃음을 터트렸습니다.

호기심이 세상을 살아가는 지혜를 준단다

호기심이 많으면 뭐든 눈으로 직접 보고, 확인하고 싶어지지.

너 역시 세상에 궁금한 게 아주아주 많겠지?

뭐든 처음 보는 것이니 신기하지 않을 수 없을 거야.

네가 품는 호기심은 배움의 기초가 되고, 지식의 기본이 되고,

세상을 살아가는 지혜를 만드는 데 가장 필요한 재료가 되어 줄 거란다.

그러니 무엇이든 생각하고, 골똘히 고민해 보렴.

다만 너무 위험한 행동은 하지 않았으면 좋겠어.

세상엔 위험하고 거칠고 무서운 것들도 아주 많거든.

그럴 땐 엄마한테 먼저 물어봐 주지 않을래?

그러면 엄마는 가장 좋은 선생님이 되어

네 호기심을 풀 수 있도록 도와줄게.

공작새의
꼬리

남들에게 돋보이고 싶어서 무모한 행동을 하게 될 때가 있거든,
그땐 꼭 화려한 꼬리를 지키려다가
목숨을 잃은 공작새 이야기를 떠올려 보렴.
무모하고 쓸데없는 경쟁을 하기보다는
늘 겸손한 마음으로 함께 살아가야 한다는 걸 기억해 주렴.

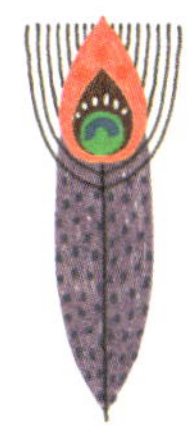

옛날에 공작새들이 모여 사는 마을이 있었어.

이 마을의 공작새들은 아침마다 광장에 모여서 서로 경쟁하듯 꼬리를 펼쳤어.

"어때? 내 꼬리 좀 봐. 어제보다 더 풍성해졌지?"

"내 털은 어떻고. 어제보다 더 화려하지 않아?"

공작새에게 꼬리는 아름다움의 상징이지.

화려한 꼬리를 부채처럼 펼치면 반짝이는 깃털이 살랑살랑.

색깔은 또 얼마나 곱고 아름다운지!

꼬리를 쫙 펼치고 우아하게 걸으면 모두가 넋을 잃고 바라보잖아.

"엉덩이 끝에 힘을 줘야 해. 그래야 꼬리가 더 크고 예뻐 보여."

"어떻게 하면 꼬리를 더 크게 만들 수 있을까?"

"꼬리에 깃털을 더 달아 볼까?"

공작새들의 관심은 오로지 꼬리에 가 있었어.

공작새들은 다른 동물을 만나면 자기 꼬리 자랑을 하느라 시간 가는 줄 몰랐지.

그런데 말이야, 꼬리를 쫙 펼치고 다니면 아름답고 멋질지는 모르지만, 불편한 점이 한두 가지가 아니란다.

꼬리를 펼치려면 엉덩이 끝에 힘을 줘야 하니 뒤뚱뒤뚱 걸어야 하고, 빨리 달릴 수도 없었지.

공작새들은 꼬리를 펼치고 걷다가 무서운 맹수를 만나면 꼼짝없이 붙잡혀야 했어.

"아빠, 이 불편한 꼬리를 왜 펼치고 다녀야 하죠? 그냥 잘라 버리면 안 되나요?"

아기 공작새가 물었어.

"어림없는 소리, 다른 공작새들이 얼마나 비웃겠니?"

"하지만 꼬리 때문에 빨리 달릴 수도 없잖아요."

"그래도 참으렴."

아빠 공작새는 아기 공작새에게 꼬리를 더 펼치라고 소리쳤어.

아기 공작새는 하는 수 없이 시키는 대로 꼬리를 펼치고 걸어야만 했지.

그러던 어느 날의 일이야.

무서운 사자가 공작새들이 사는 마을에 나타났어.

놀란 공작새들은 부랴부랴 도망을 쳤지.

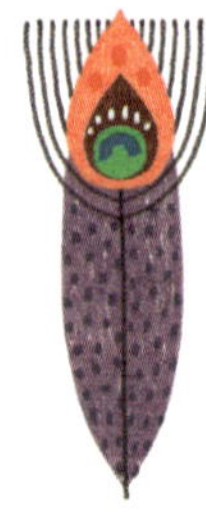

하지만 날쌘 사자를 따돌릴 순 없었어.

하긴, 꼬리를 잔뜩 펼치고 뒤뚱뒤뚱 걷는 공작새를 누군들 못 따라잡겠어?

결국 공작새 여러 마리가 사자에게 잡아먹히고 말았지.

"크크크, 이거 완전 식은 죽 먹기잖아?"

사자는 불룩 튀어나온 배를 어루만지며 말했어.

"여러분, 우리가 저 못돼먹은 사자를 피하려면 꼬리를 잘라 버려야만 해요."

지혜로운 공작새 할아버지가 공작새들에게 말했어.

하지만 공작새들은 옥신각신 말이 많았지.

"꼬리를 자르라고?"

"안 돼, 그건 우리 자존심이야."

"맞아, 꼬리를 자르면 빨리 달릴 순 있겠지만 아름다운 꼬리를 뽐낼 수 없잖아."

결국 공작새들은 누구도 꼬리를 자르지 않았어.

예쁘고 아름다운 꼬리를 자르고 싶지 않아서, 다른 공작새들이 꼬리가 없다고 놀릴까 봐 두려워서 그랬던 거지.

신이 난 건 사자였어.

사자는 배가 고플 때마다 마을로 찾아와 공작새들을 잡아먹었지.

뒤뚱뒤뚱 걷는 공작새를 잡는 건 사자에겐 식은 죽 먹기였으니까.

결국 공작새들이 모여 살던 마을은 텅텅 비고 말았단다.

사자에게 모두 잡아먹혔던 거야.

무모한 과시보다 겸손한 마음이
모두를 행복하게 한단다

공작새들은 더 돋보이고 싶고, 더 예뻐 보이고 싶어서

꼬리를 화려하게 펼치고 다녔지.

하지만 그 꼬리 때문에 자기가 위험에 처하게 되었는데도,

끝까지 꼬리를 자르지 않았어.

남들보다 더 좋은 걸 갖고 싶고, 남들보다 더 멋진 모습을

보여 주고 싶다는 생각 때문에 어리석은 행동을 하게 되는 거지.

아가야, 남들에게 돋보이고 싶어서 무모한 행동을 하게 될 때가 있거든,

이 공작새 이야기를 떠올려 보렴.

무모하고도 쓸데없는 경쟁을 하기보다는

늘 다른 사람들과 어울려 살아가야만 행복해진다는 걸 기억하렴.

엄마,
이야기를 들려주세요

ⓒ 서지원, 김찬 2015

2015년 9월 3일 초판 1쇄 발행
2017년 4월 14일 초판 3쇄 발행

지은이 | 서지원
그린이 | 김찬
발행인 | 이원주
책임편집 | 유화경
책임마케팅 | 유재경

발행처 | (주)시공사
출판등록 | 1989년 5월 10일(제3-248호)

주소 | 서울시 서초구 사임당로 82(우편번호 137-879)
전화 | 편집(02)2046-2854 · 마케팅(02)2046-2846
팩스 | 편집(02)585-1755 · 마케팅(02)585-1755
홈페이지 | www.sigongsa.com

ISBN 978-89-527-7456-9 13590

본서의 내용을 무단 복제하는 것은 저작권법에 의해 금지되어 있습니다.
파본이나 잘못된 책은 구입한 서점에서 교환해 드립니다.